ROBERT BLOFIELD

FILM AB!

KINO-KARTE

IN 10 SCHRITTEN ZUM EIGENEN FILM

DER AUTOR

Robert Blofield ist ein unabhängiger Filmemacher und Lehrer für Filmproduktion aus Hampshire in Großbritannien. 2005 begann er mit unabhängigen Videoproduktionen für Filmfestivals und freiberufliche Projekte. Weil ihn das Medium so begeistert, bringt er nun einer neuen Generation von Filmemachern professionelle Produktionstechniken für Film und Fernsehen bei. Derzeit befindet er sich in der Präproduktionsphase für drei Kurzfilme, bei denen er Regie führt und die er 2015/2016 auf großen Filmfestivals zeigen will.

DK | Penguin Random House

Cheflektorat Laura Knowles
Redaktionsleitung Zeta Jones
Art Director Susi Martin
Gestaltung und Satz Punch Bowl Design
Illustrationen Venetia Dean

Für die deutsche Ausgabe:
Programmleitung Monika Schlitzer
Projektbetreuung Dörte Eppelin
Herstellungsleitung Dorothee Whittaker
Herstellungskoordination Katharina Dürmeier
Herstellung Verena Marquart

Titel der englischen Originalausgabe:
How to Make a Movie in 10 Easy Lessons

© Marshall Editions, London, 2015
First published in the UK in 2015 by QED Publishing
Part of The Quarto Group
The Old Brewery, 6 Blundell Street, London N7 9BH

Übersetzung Susanne Schmidt-Wussow
Lektorat Kristine Harth

ISBN 978-3-8310-3035-4

Druck und Bindung 1010 Printing, China

Besuchen Sie uns im Internet
www.dorlingkindersley.de

Hinweis

Die Informationen und Ratschläge in diesem Buch sind von den Autoren und vom Verlag sorgfältig erwogen und geprüft, dennoch kann eine Garantie nicht übernommen werden. Eine Haftung der Autoren bzw. des Verlags und seiner Beauftragten für Personen-, Sach- und Vermögensschäden ist ausgeschlossen.

Dank und Bildnachweis

Der DK Verlag dankt folgenden Personen und Institutionen für die freundliche Genehmigung zum Abdruck von Fotos:

(Abkürzungen: o = oben, u = unten, m = Mitte, l = links, r = rechts, g = ganz, Hg = Hintergrund)

Shutterstock: LHF Graphics: 2u, 62u. Monkik: 3, 15, 16, 17, 18, 20, 21go, 23, 24, 36u, 41u, 49u, 61u. Lyudmyla Kharlamova: 3gor, 3gol, 6go, 12go, 20go, 26go, 30go, 40go, 46go, 50go, 56go, 60go. Igorij: 4l. zayats-and-zayats: 5l, 59m. Paisit Teeraphatsakool: 6m, 7r, 12, 21u, 27go, 28, 43, 61go. Jesus Sanz: 9r. Oxy_gen & benchart & Budi Susanto: 14, 15. Punch Bowl Design: 20u. Ohn Mar: 27u. Actor: 30u. Artisticco: 32, 33, 34u, 35. xenia_ok: 54. JanPetrskovsky: 57go, 57u. Yurlick: 59go. zeber: 62m.

INHALT

WILLKOMMEN IN DER WELT DES FILMS

Du willst also Filme machen? Das ist gar nicht so schwer, wie du vielleicht glaubst! Wie bei den meisten Sachen brauchst du nur etwas Hingabe und Übung, um zu wecken, was in dir steckt. In diesem Buch sehen wir uns an, was alle aufstrebenden Filmemacher brauchen, um ihre Ideen Wirklichkeit werden zu lassen und tolle Filme zu drehen. Beim Lesen wird aus der vagen Idee in deinem Kopf ein rundes Projekt erwachsen, sodass du gleich loslegen kannst. Und genau das machen wir dann auch.

Bist du bereit?

In diesem Buch findest du alles, was du brauchst, um deinen ersten Film zu drehen, und im Moment ist es noch völlig egal, was für ein Film dir vorschwebt. Das Wichtigste ist, dass du Lust hast, dabei Verschiedenes auszuprobieren. Manches funktioniert vielleicht, anderes nicht. Dieses Buch hilft dir dabei herauszufinden, wie du am besten einen fantastischen Film machst.

SCHON GEWUSST?

ES IST NICHT WICHTIG, OB DU EINEN SPIELFILM, EINEN DOKUMENTARFILM ODER EINEN ANIMATIONSFILM DREHEN WILLST ODER IRGENDWAS DAZWISCHEN. VIELE FERTIGKEITEN UND TECHNIKEN IN DIESEM BUCH GELTEN FÜR ALLE GENRES.

WIE FUNKTIONIERT DAS?

Ich habe zehn Dinge zusammengetragen, die man zum Filmemachen braucht und die wir uns nacheinander ansehen. Die Reihenfolge entspricht dem natürlichen Entstehungsprozess eines Films, sodass wir uns bei der Arbeit an deinem Projekt in die richtige Richtung bewegen. Ich erkläre dir, was du wissen musst, und zwar in der richtigen Reihenfolge, um dein Projekt an den Start zu bringen.

Das Buch soll nicht nur eine Anleitung für die Techniken sein, sondern auch eine Einkaufsliste für alles, was du für deinen ersten Film brauchst. Wenn du die Techniken lernst und dein Projekt in derselben Reihenfolge wie im Buch bearbeitest, sollte dabei dein Wunschfilm herauskommen.

JEDER KANN DAS!

Vor gar nicht langer Zeit war die Technik, die man für einen professionell aussehenden Film brauchte, noch extrem teuer. Doch inzwischen leben wir in einer vollkommen anderen Welt. Wenn ich einkaufen gehe, habe ich eine hochwertige tragbare Videokamera dabei, die bei unterschiedlichsten Lichtverhältnissen Full-HD-Aufnahmen machen kann: mein Smartphone. Das Tolle an diesem Stück Technik: Trotz seiner geringen Größe kann man damit „fernsehfertige" Bilder aufnehmen, wenn man es richtig anstellt. Zum ersten Mal spielt die Ausrüstung keine Rolle mehr – jeder kann einen Film drehen.

FILMFESTIVAL
WELTPREMIERE
DEIN KURZFILM
NUR HEUTE ABEND

PRAXISTIPP!
Gewöhne dir an, von allem, was dich interessiert, ein Video zu drehen oder Fotos zu machen. Schreibe deine Ideen in ein Notizbuch oder eine Handy-App. Wenn du das übst, wird aus dir der beste Filmemacher, der du werden kannst.

DAS WICHTIGSTE AM FILMEMACHEN: DU SOLLST DABEI SPASS HABEN! UND JETZT GEHT ES LOS ...

ACTION

INSPIRIEREN LASSEN

Wir alle lieben Geschichten. Jetzt bist du an der Reihe, eine zu erzählen! Zu Beginn jedes Filmprojekts stehst du vor zwei großen Fragen. Die erste lautet: Welches Medium willst du nutzen? Spielfilm, Dokumentarfilm, Stop-Motion-Animation, Musikvideo oder etwas ganz anderes? Die zweite Frage: Welche Geschichte möchtest du erzählen?

DIE ERSTEN SCHRITTE

Die Schreibphase gehört zu den wichtigsten Teilen deines Filmprojekts. Du solltest dir dabei richtig Mühe geben, aber verbringe auch nicht zu viel Zeit damit! Schließlich wollen wir ja noch genügend Zeit für all die anderen Schritte haben. Ich bin immer dafür, Notwendiges zügig zu Ende zu bringen und dann den nächsten Punkt anzugehen, bevor man sich verzettelt.

Wenn du diese Fragen beantwortet hast, sieh dir deine Antworten an. Meiner Meinung nach ist das ein guter Ausgangspunkt für deinen ersten Film! Manche versuchen, eine bestimmte Art von Film zu drehen, weil sie gerade angesagt ist oder weil sie glauben, dass sie ihren Freunden gefällt. Aber am besten wird der Film wahrscheinlich, wenn du selbst diese Art von Film richtig toll findest.

PRAXISTIPP!
Beantworte die Fragen auf dieser Liste und schreibe die Antworten auf.

Was für Filme mag ich?
Action
Horror
Komödie
Romanze
Drama
Science-Fiction
Historienfilm
Sonstige

Welcher ist mein Lieblingsfilm?

Warum mag ich diesen Film?
Schauspieler
Situationen
Drehbuch
Effekte
Sonstiges

Wie fühle ich mich bei diesem Film?
ängstlich
aufgeregt
fröhlich
traurig
Sonstiges

WAS BRAUCHT EINE GESCHICHTE?

Ob wir etwas Ausgedachtes drehen wie ein Drama oder einen Stop-Motion-Trickfilm oder etwas Sachliches wie einen Dokumentarfilm, es wird immer eine Geschichte erzählt. Und das ist deine Aufgabe! Denke über deine Geschichte nach und schreibe ein paar Ideen auf.

DIE GESCHICHTE FORMEN

Inzwischen solltest du ein paar Grundideen haben, die dabei helfen, der Geschichte eine Form zu geben. Du weißt, was für einen Film du drehen willst, welche Gefühle er hervorrufen soll und welche Aspekte anderer Filme du übernehmen willst. Und jetzt weißt du auch etwas über die Hauptpersonen der Geschichte.

Das reicht erst mal, um sich den Film als Ganzes grob vorzustellen. Jetzt nutzen wir diese Informationen, um deine Geschichte so kurz und einfach wie möglich zu beschreiben, damit du mit der Arbeit am Drehbuch anfangen kannst.

Wer sind die Hauptfiguren in meiner Geschichte?

Was wollen sie erreichen?

Warum sind sie interessant?

Wo landen sie schließlich?

Wie gelangen sie dorthin?

SCHREIBE EINEN TWEET (HÖCHSTENS 140 ZEICHEN), DER DEINEN FILM UND SEINE HANDLUNG MÖGLICHST GUT BESCHREIBT. DAS IST NICHT EINFACH, ABER ES WIRD DIR HELFEN, DAS WICHTIGSTE AN DEINER FILMIDEE AUF DEN PUNKT ZU BRINGEN.

WIE WIRD ER AUSSEHEN?

O.K., jetzt wissen wir also, worum es in deinem Film gehen soll. Super! Wir können fast schon anfangen, ihn richtig zu planen. Eines sollten wir uns vorher aber noch ansehen. Vielleicht überdenkst du danach deine Vorstellungen noch mal, also kümmern wir uns lieber jetzt darum als später.

PRODUKTIONSWERT

Mit dem Begriff „Produktionswert" beschreiben wir, wie professionell ein Projekt aussieht. Wenn ein Film professionell wirkt, erkennen die Zuschauer darin einen hohen Produktionswert. Aber wenn sie Dinge als amateurhaft wahrnehmen, schalten sie ab.

Deine Aufgabe ist es, einen möglichst hohen Produktionswert für den Film zu erreichen. Er soll also so professionell wie möglich aussehen. Diese Tipps helfen dir dabei. Es sind nur Anregungen, du musst sie nicht 1:1 umsetzen. Aber wenn du vor dem Drehen schon über diese Punkte nachdenkst, sieht dein Film hinterher besser aus.

Tipp 1: DEN RICHTIGEN SCHAUPLATZ WÄHLEN

Vielleicht hast du ja alles, was du brauchst, um ein kleines Zimmer in die Brücke eines Raumschiffs zu verwandeln. Wenn ja, sieht dein Film sicher fantastisch aus! Wenn andererseits deine Kulissen aus Pappe und Klebeband gebaut sind, könnte dein Film billig wirken. Ich würde dir raten, deine Geschichte an einem Ort spielen zu lassen, den du leicht nachbilden kannst.

SCHON GEWUSST?

IN EINEM PALAST KANN DEIN FILM VIELLEICHT NICHT SPIELEN, ABER WENN DU DEN DACHBODEN ETWAS UMGESTALTEST, KANNST DU EINEN RICHTIG GRUSELIGEN FILM DREHEN, DER IN EINEM VERLASSENEN HAUS SPIELT.

Tipp 2: UNGEWÖHNLICHE REQUISITEN BENUTZEN

Eine einfache Tee- oder Kaffeetasse ist nicht besonders aufregend, die hat jeder in der Küche. Wenn du einen ungewöhnlicheren Gegenstand findest, versuche ihn als Requisite einzubauen. In den Filmen meiner Kursteilnehmer habe ich schon Gasmasken, historische Arbeitskleidung und alte Computer gesehen. So was verleiht einem Film gleich einen viel höheren Produktionswert! Diese Gegenstände sind nicht alltäglich, aber auch nicht unmöglich zu besorgen.

PRAXISTIPP!
Auf Flohmärkten und in Secondhandläden findest du vielleicht ungewöhnliche Gegenstände für deinen Film.

Tipp 3: KLEINER IST BESSER

DEIN ERSTES PROJEKT SOLLTE AM BESTEN EIN KURZFILM VON HÖCHSTENS 10 MINUTEN LÄNGE SEIN. SO BIST DU VIEL SCHNELLER FERTIG UND KANNST GLEICH MIT DEINEM NÄCHSTEN PROJEKT WEITERMACHEN!

Je mehr Figuren du hast, desto mehr Arbeit macht die Planung des Projekts. Außerdem gibt es bei zu vielen Figuren meist auch mehr Pannen beim Drehen, und das kann sich ungünstig auf den ganzen Film auswirken.

Tipp 4: BEIM ECHTEN ALTER BLEIBEN

Wenn in deinem Film nur Jugendliche mitspielen, sieht es komisch aus, wenn sie 40-Jährige darstellen sollen. Ein Gerichtsdrama ist dann vielleicht nicht die beste Wahl! Ein Film über ein paar Kinder, die einen vergrabenen Schatz finden oder ein Abenteuer erleben, würde dagegen gut funktionieren.

PRAXISTIPP!
Mach die Zuschauer neugierig! Deine Geschichte sollte ein Ende haben, aber versuche, es für eine mögliche Fortsetzung offen zu halten.

SEI KREATIV

Nachdem du jetzt darüber nachgedacht hast, wie dein Film aussehen soll, musst du deine Idee vielleicht noch etwas ausarbeiten. Du brauchst sie nicht unbedingt vollkommen umzuschreiben – denk dran, Geschichten können auf unterschiedliche Arten erzählt werden. Mit ein bisschen Kreativität kannst du die Geschichte auch so umsetzen, dass du keine teuren Spezialeffekte brauchst!

SCHON GEWUSST?

ES GIBT MEHRERE HERVORRAGENDE SCIENCE-FICTION- UND HORRORFILME, IN DENEN DAS MONSTER KAUM ZU SEHEN IST. DIE DRAMATISCHE SPANNUNG ERZEUGEN DIE REAKTIONEN DER MENSCHEN.

LERNEN, LERNEN, LERNEN

Wenn du deinen Film drehst, wirst du eine Menge lernen. Fast alles, was du zum Filmemachen wissen musst, lernst du in deinem ersten Projekt, und das ist wahrscheinlich die wertvollste Ausbildung im Filmemachen, die du je bekommen wirst. Jeder kann einen Film drehen, aber es braucht Hingabe und harte Arbeit, damit er richtig toll wird.

Es warten also einige Lektionen auf dich, während du an deinem Projekt arbeitest, sowohl positive als auch negative. Die positiven Dinge wirst du wiederholen, weil sie gut funktioniert haben. Und die negativen Dinge … tja, das ist eigentlich nur eine Umschreibung für Misserfolge. Manche größer, manche kleiner, aber aus allen kannst du lernen. Das gehört alles dazu!

PRAXISTIPP!

Wenn du deine ursprüngliche Geschichte toll findest und sie unbedingt erzählen willst, dann mach das. Es ist unglaublich wichtig, dass du an dein Projekt glaubst und dass du richtig Lust darauf hast.

WAS MOTIVIERT MICH?

Denke darüber nach, was du davon hast, einen Film zu drehen. Willst du deine Freunde beeindrucken? Reich und berühmt werden? Oder hast du eine Geschichte im Kopf, die einfach erzählt werden muss? Wenn du weißt, warum du einen speziellen Film drehen willst, wird deine Leidenschaft darin sichtbar werden.

ERWARTE NICHT, DASS BEIM ERSTEN DREH GLEICH ALLES PERFEKT LÄUFT. LASS DICH NICHT VON MISSERFOLGEN AUFHALTEN. SEI NUR DARAUF VORBEREITET, EINE LÖSUNG ZU FINDEN.

Zum Schluss möchte ich, dass du dir ein paar persönliche Ziele für den Film setzt. Denke an einen Film, eine Serie, eine Regisseurin oder einen Schriftsteller, die dich zum Filmemachen inspiriert haben. Suche dir dann drei kleine Punkte aus deiner Inspiration, an denen du in diesem Projekt arbeiten willst. Das könnte z. B. sein, einen richtig spannenden, dramatischen Dialog oder eine rasante Verfolgungsjagd einzubauen oder eine Szene aus einer ungewöhnlichen Perspektive zu drehen. Egal, was du erreichen möchtest, notiere es dir jetzt. Wir kommen später darauf zurück.

VON DER IDEE ZUM DREHBUCH

Keine Sorge, wir gehen ganz entspannt ans Drehbuchschreiben. Du brauchst dich erst mal nicht darum zu kümmern, ob es genau so formatiert ist, wie es die Drehbuchschreiber in Hollywood machen, aber das Beispiel unten kommt dem schon recht nahe. Wenn du das als Vorlage nimmst, bist du für deine Projekte gut gerüstet. Wenn dein Drehbuch so geschrieben ist, dass man es leicht versteht, kann man wahrscheinlich auch deinem Film gut folgen.

DIE TEILE DES DREHBUCHS

Jede Szene besteht aus drei Elementen: Überschriften, Handlungen und Dialogen. Diese Beispielseite zeigt dir, wie die Elemente eingesetzt werden. In dieser Szene wird ein Junge von einem glänzenden Gegenstand angezogen, der in einer Ecke eines dunklen Kellers versteckt liegt.

Diese Szenenüberschrift verrät uns den Ort, an dem die Szene spielt, und die Tageszeit.

Die Handlung beschreibt, was im Bild zu sehen sein wird. Sie deutet auch an, dass die Szene geheimnisvoll ist, verrät uns aber nicht, was der Junge gefunden hat.

Was die Figuren sagen, ist zentriert, damit man die Dialoge leichter findet. Jede Sprechstelle beginnt mit dem Namen der Figur.

> DUNKLER KELLER – NACHMITTAG
>
> Ein Junge erkundet einen dunklen, kalten Keller. Ein schwaches Leuchten zieht über sein Gesicht. Es stammt von einem Gegenstand, der hinter einem alten Schrank ganz hinten im Raum verborgen ist. Er geht darauf zu, um ihn zu untersuchen.
>
> JUNGE
> Was zum ...
>
> Als der Junge sich dem Schrank nähert, sehen wir das Leuchten stärker werden und ein Ausdruck des Erstaunens macht sich auf seinem Gesicht breit.
>
> JUNGE
> Ich werd verrückt!
>
> Wir hören Schritte auf der Kellertreppe. Der Junge versteckt den geheimnisvollen Gegenstand schnell im Schrank, wirbelt dann herum und sieht seine Mutter auf halber Treppe stehen.
>
> MUTTER
> Ach, hier bist du! Das Essen ist fertig.

WENN DU BEIM FORMATIEREN DEINES DREHBUCHS EIN STANDARDLAYOUT VERWENDEST, HILFT DIR DAS, DEINE GEDANKEN ZU SORTIEREN, UND DEINEN SCHAUSPIELERN, DIE GESCHICHTE ZU VERSTEHEN.

GOLDENE REGELN

In einem Drehbuch muss immer klar sein:
- wo und wann die Szene stattfindet
- was im Bild geschieht
- wer spricht und was gesagt wird

JETZT BIST DU AN DER REIHE!

Teile deine Geschichte in Szenen ein. Was Filmemacher eine Szene nennen, ist ein Teil der Geschichte, der in „Echtzeit" an einem Ort stattfindet. Das bedeutet, wenn du den Ort wechselst oder in der Zeit vor- oder zurückgehst, brauchst du eine neue Szene.

Sobald du deinen Film in Szenen unterteilt hast, beginnst du mit dem Schreiben. Du kannst während des Schreibens noch Änderungen vornehmen, aber wenn du erst angefangen hast, geht es oft plötzlich ganz schnell und schon ist die Geschichte fertig.

GANZ GROB KANN MAN SAGEN, DASS EINE DREHBUCHSEITE UNGEFÄHR EINER FILMMINUTE ENTSPRICHT. ABER DAS HÄNGT AUCH DAVON AB, WIE VIELE BESCHREIBUNGEN DEIN DREHBUCH HAT UND WIE DIE DIALOGE SIND.

Du kannst eine Taschenlampe oder eine andere batteriebetriebene Lichtquelle verstecken, um wichtige Gegenstände in der Geschichte zu beleuchten.

PRAXISTIPP!

Die Zuschauer brauchen nicht zu sehen, wie sich die Figuren begrüßen oder verabschieden. Du kannst einfach in die Szene blenden, wenn etwas Wichtiges passiert, und wieder rausgehen, wenn es vorbei ist.

Durch diese Overshoulder-Einstellung können wir einen großen Teil des Szenenaufbaus aus der Perspektive einer Figur sehen.

EINSTELLUNGEN

Jetzt kommt die wichtigste Ausarbeitungphase deiner Idee: Du musst die Dreharbeiten planen. Wenn von verschiedenen Einstellungen die Rede ist, gibt es ein paar Fachbegriffe, die mit Einstellungsgrößen und -winkeln zu tun haben. Sie beschreiben die Einstellung so, dass alle Filmemacher wissen, was gemeint ist. Die Einstellungsgrößen auf dieser Seite werden in Filmen oft verwendet.

SORGE DAFÜR, DASS DEINE FREUNDE DIESE BEGRIFFE KENNEN. DAS ERLEICHTERT DIE ARBEIT UNGEMEIN!

GROSSAUFNAHME

Den Begriff „Großaufnahme" kennt wohl jeder. In dieser Einstellung ist nur das Gesicht einer Figur zu sehen. Auf diese Weise kann man gut Gefühle zeigen.

TOTALE

In dieser Einstellung ist die Figur auf jeden Fall von Kopf bis Fuß zu sehen. Sie kann auch jemanden aus großer Entfernung zeigen, sodass er im Bild sehr klein erscheint. Alles zwischen diesen beiden Extremen nennt man Totale.

HALBNAHE

Diese Einstellung zeigt eine Figur von der Hüfte bis kurz über den Kopf. Sie zeigt den Zuschauern Gesichtsausdruck und Körpersprache der Figur und kommt sehr oft in Dialogszenen zum Einsatz.

WEITERE GRÖSSEN UND WINKEL

Großaufnahme, Totale und Halbnahe sind die häufigsten Einstellungen. Aber es gibt noch andere Einstellungen, mit denen du interessante Effekte erzielen kannst. Setze sie aber sparsam ein, sonst nutzt sich die Wirkung ab.

PRAXISTIPP!
Mit einer Detailaufnahme lassen sich Angst oder andere intensive Gefühle besonders gut darstellen.

DETAIL:

Diese Einstellung erhält man, wenn man in der Groß-aufnahme noch weiter heranzoomt. Man sieht nicht mehr das ganze Gesicht, sondern nur noch einen Teil, zum Beispiel die Augen.

NAHE:

Liegt zwischen Halbnahe und Großaufnahme und zeigt meist nur Kopf und Schultern oder Brust der Figur.

AMERIKANISCHE:

Zeigt die Figur von den Knien aufwärts.

AUFSICHT/VOGELPERSPEKTIVE:

Du kannst die Kamera auch über den Figuren platzieren, sodass der Zuschauer auf sie hinuntersieht. Das lässt die Figur oft verletzlich oder schwach aus-sehen oder kann den Blickwinkel einer anderen Figur zeigen, die von oben nach unten sieht.

UNTERSICHT/FROSCHPERSPEKTIVE:

Das Gegenteil der Aufsicht, hier wird von einem Punkt unter der Figur nach oben gefilmt. Das lässt die Figur oft größer, stärker und mächtiger aussehen.

OVERSHOULDER:

In dieser Einstellung sehen wir, was sich vor oder hinter einer Figur befindet, je nachdem, in welche Richtung gefilmt wird. Ein nützlicher Blickwinkel für den Zuschauer, um eine Szene besser zu verstehen.

WENN DU ENTSCHIEDEN HAST, WELCHE EINSTELLUNGEN DU VERWENDEN MÖCHTEST, KANNST DU DICH AN DIE AUSARBEITUNG DER DREHFASSUNG MACHEN.

DREHPLANUNG

Da du jetzt die Fachbegriffe kennst, können wir das Drehbuch in Einstellungen unterteilen. So wird daraus die sogenannte Drehfassung, auch Shooting Script genannt, die die Geschichte erzählt und die Dialoge enthält. Die Drehfassung ist gleichzeitig eine Checkliste und ein Verzeichnis aller Einstellungen, die du für jede Szene brauchst. Als praktisches Beispiel erstellen wir aus der Drehbuchseite von Seite 12 eine Drehfassung.

> DIE DREHFASSUNG IST EINE ERGÄNZUNG DES DREHBUCHS. BEI DEN DREHARBEITEN BENUTZT DU BEIDES ZUSAMMEN.

Einstellung 1

Die Szene beginnt mit einem Jungen, der einen Keller erforscht. Die Szene soll geheimnisvoll und etwas gruselig wirken, also müssen wir das den Zuschauern über die Einstellungen vermitteln.

Einstellung 1 muss zeigen:
- Ort
- Figuren der Szene
- Tonalität (Stimmung) der Szene

Wie machen wir das?
Vorschlag: Totale des Jungen, der den Keller erkundet, die Kamera steht hinter ein paar alten Möbeln hinten im Raum. Das zeigt deutlich, wo wir sind (in einem Keller) und wer in der Szene mitspielt (ein Junge).

PRAXISTIPP!
Du kannst das so drehen, dass die Kamera hinter ein paar alten Möbeln steht und von dort aus den Jungen filmt, als würde er beobachtet. So wirkt es ein bisschen gruseliger.

Einstellung 2 muss zeigen:
- weitere Informationen über die Figur
- das Leuchten
- dass der Junge das Leuchten bemerkt

Wie machen wir das?

Ich würde zu einer Nahaufnahme des Jungen übergehen, während er sich im Raum umsieht. Einer aus dem Drehteam wirft nach ein paar Sekunden mithilfe einer glänzenden Oberfläche Licht auf sein Gesicht. Der Junge sieht daraufhin zur Quelle des Leuchtens außerhalb des Bildes.

Einstellung 3 muss zeigen:

Wo genau kommt das Leuchten her?

Wie machen wir das?

Mein Vorschlag: rascher Schnitt zu Overshoulder-Einstellung, wie der Junge auf die Quelle des Leuchtens zugeht. Jetzt bemerkt der Zuschauer, dass das Licht von der Stelle kommt, von der aus Einstellung 1 gefilmt wurde.

Einstellung 2 und 3

In der nächsten Szene bemerkt der Junge ein Leuchten an einem Ende des Raums. Am besten machen wir daraus zwei Teile.

Einstellung 4

Der Junge nähert sich dem Leuchten und Erstaunen macht sich auf seinem Gesicht breit, das von der Lichtquelle erhellt wird. Außerdem spricht der Junge zwei Zeilen Text.

Einstellung 4 muss zeigen:
- dass der Junge verblüfft ist über seinen Fund
- dass der Junge zwei Zeilen Text spricht

Wie machen wir das?

Jetzt würde ich wieder zum Bildausschnitt aus Einstellung 2 zurückkehren, aber dem Jungen folgen, während er sich dem Leuchten nähert, indem ich die Kamera nach hinten bewege. So kann ich seine Darstellung einfangen und seine Verblüffung zeigen, weil sein Gesicht gut zu sehen ist. Dadurch ist auch sein Text einfacher zu verstehen.

DIE DREHFASSUNG

Sobald du die Szene geschrieben und in Einstellungen unterteilt hast, bist du mit den Einzelteilen dieses Teils der Geschichte fertig. Jetzt musst du die Informationen noch in eine leicht verständliche Tabelle übertragen, die du und deine Filmcrew während der Dreharbeiten als Checkliste benutzen könnt. Das ist deine Drehfassung. Du kannst auch eine einfache Skizze vom Filmset anfertigen.

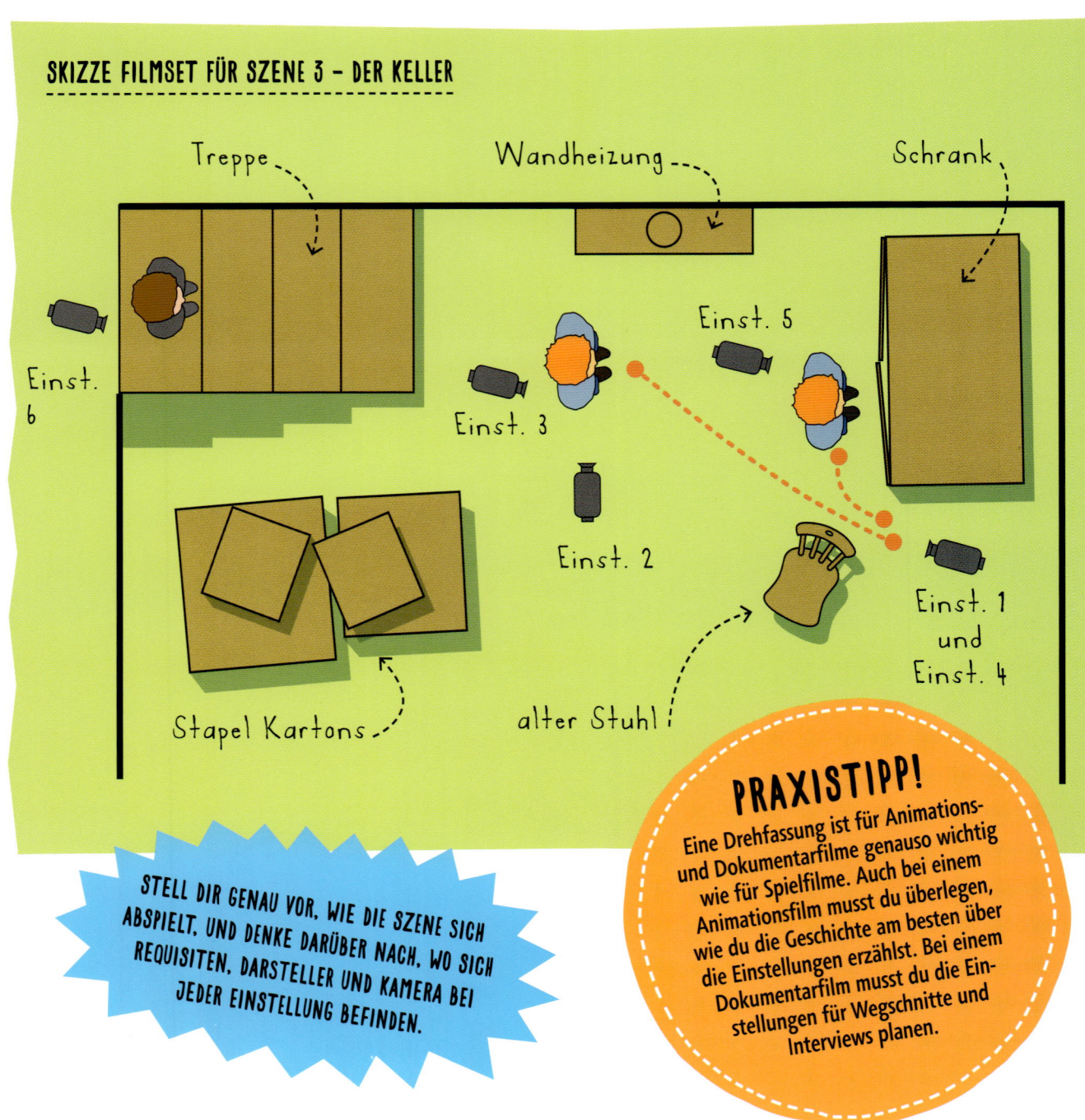

SKIZZE FILMSET FÜR SZENE 3 – DER KELLER

Treppe

Wandheizung

Schrank

Einst. 6

Einst. 3

Einst. 5

Einst. 2

Einst. 1 und Einst. 4

Stapel Kartons

alter Stuhl

STELL DIR GENAU VOR, WIE DIE SZENE SICH ABSPIELT, UND DENKE DARÜBER NACH, WO SICH REQUISITEN, DARSTELLER UND KAMERA BEI JEDER EINSTELLUNG BEFINDEN.

PRAXISTIPP!

Eine Drehfassung ist für Animations- und Dokumentarfilme genauso wichtig wie für Spielfilme. Auch bei einem Animationsfilm musst du überlegen, wie du die Geschichte am besten über die Einstellungen erzählst. Bei einem Dokumentarfilm musst du die Einstellungen für Wegschnitte und Interviews planen.

Welche Nummer hat die Szene in der Geschichte? Die Szenennummern sind so etwas wie Buchkapitel. Erst kommt Szene 1, dann Szene 2 usw.

Die Spalte „Handlung" fasst zusammen, was wir wissen müssen: Einstellung, Handlung im Bild, Figuren, Kamerawinkel, wird gesprochen?

Szene Nr.	Ein- stell. Nr.	Handlung	Text	Checkliste
3	1	Totale: Junge erkundet den Keller, Aufnahme von einem Haufen alter Möbel aus.	N	√
3	2	Nahe: Junge sieht sich im Raum um. Ein Leuchten erscheint auf seinem Gesicht. Er bemerkt es und sieht zur Lichtquelle.	N	√
3	3	Overshoulder: Junge sieht zu einem Haufen alter Möbel. Eine schwache Lichtquelle ist hinter ein paar Gegen- ständen zu sehen.	N	√
3	4	Nahe, folgt dem Jungen, während er sich verblüfft der Lichtquelle nähert und Text spricht.	J	√
3	5	Overshoulder: Junge hört Schritte und stellt den Gegenstand schnell in den Schrank. Wir sehen den Gegenstand nicht.	N	√
3	6	Overshoulder: Junge dreht sich schnell um, als seine Mutter oben an der Treppe auftaucht und Text spricht.	J	
3	7	(eventuell) Großaufnahme auf den Schrank, Kamera fährt näher heran, während wir die Figuren hinausgehen hören und das Licht ausgeht.	N	

Es ist nützlich, auf einen Blick zu sehen (durch „J" für „Ja" und „N" für „Nein", ob in der Einstellung gesprochen wird. So kannst du sicher- gehen, dass du den Text für die Szene vollständig aufgenommen hast.

Lass eine Spalte in deiner Tabelle frei, um die abgedreh- ten Einstellungen abzuhaken. Das ist sozusagen deine To-do-Liste am Drehtag.

Welche Einstellung wird hier beschrieben?

DA WIR DIE KÜNSTLE- RISCHEN GRÜNDE FÜR JEDE EINSTELLUNG SCHON KENNEN, MÜSSEN WIR SIE HIER NICHT MEHR AUF- SCHREIBEN. WIR BRAUCHEN NUR DIE FAKTEN.

UND JETZT DU!

Jetzt bist du dran: Mach aus deinem Drehbuch eine Drehfassung. Du kannst auch eine eigene Version mit Einstellungen für die Beispielszene erstellen, wenn du erst mal üben willst. Vergiss nicht: Für jede Einstellung gibt es einen bestimmten Grund.

DER FILM IM KOPF

Wir haben aus unserer Idee ein Drehbuch gemacht und eine Liste mit geplanten Einstellungen angefertigt, die die Geschichte erzählen sollen. Jetzt haben wir es fast geschafft! Bald sind wir an dem Punkt, von dem jede Filmemacherin und jeder Filmemacher träumt, wenn endlich die Dreharbeiten für das Projekt anfangen können. Oft sieht man Regisseurinnen oder Regisseure mit den Händen ein Rechteck bilden, um eine imaginäre Einstellung zu prüfen. Egal, wie dein Filmset aussieht, das Bild ist immer rechteckig. Nur ein Teil von dem, was du am Set siehst, wird tatsächlich im Film auftauchen. Du musst im Voraus planen, welchen Bildausschnitt du in jeder Einstellung filmen willst, damit der Film im Ganzen klar wirkt und gut aussieht.

STORYBOARDS

Im Storyboard wird jede Einstellung gezeichnet, damit Darsteller und Crew sich die Szene besser vorstellen können. Das geht mit Bildern besonders gut, und deswegen ist ein gut gemachtes Storyboard eine wertvolle Ergänzung zu deiner Drehfassung. Allerdings kann es sehr lange dauern, alles zu zeichnen, und es ist auch nur dann nützlich, wenn du rasch und präzise Einstellungen aus deiner Vorstellung zeichnen kannst. Ohne die richtige Ausbildung können die meisten das jedoch leider nicht.

SCHON GEWUSST?

EIN GUT GEZEICHNETES STORYBOARD KANN AUSSEHEN WIE EINE COMICVERSION DES FILMS, NUR OHNE SPRECHBLASEN.

ÜBERSICHTSBILDER

Ich finde Übersichtsbilder nützlicher als ein Storyboard und sie nehmen auch nicht so viel Zeit in Anspruch. Wenn sich zum Beispiel meine künstlerischen Fähigkeiten auf Strichmännchen beschränken, würde ich kein detailliertes Storyboard zeichnen, es sei denn die Einstellung ist sehr kompliziert und erfordert eine schematische Darstellung.

STORYBOARDS KÖNNEN ENTWEDER DER WERTVOLLSTE TEIL DER PRODUKTIONSPLANUNG SEIN ODER REINE ZEITVERSCHWENDUNG. EINE TOLLE SACHE, WENN SIE NÜTZLICH SIND. ABER NICHT, WENN SIE MEHR ZEIT IN ANSPRUCH NEHMEN, ALS SIE EINSPAREN.

PRAXISTIPP!
Manchmal ist es eine gute Idee, den Dreh zu skizzieren. Ich zeichne oft eine Draufsicht, um zu zeigen, wohin Darsteller und Kameras sich in einer Einstellung bewegen. So können sich alle besser vorstellen, wie die Szene abläuft.

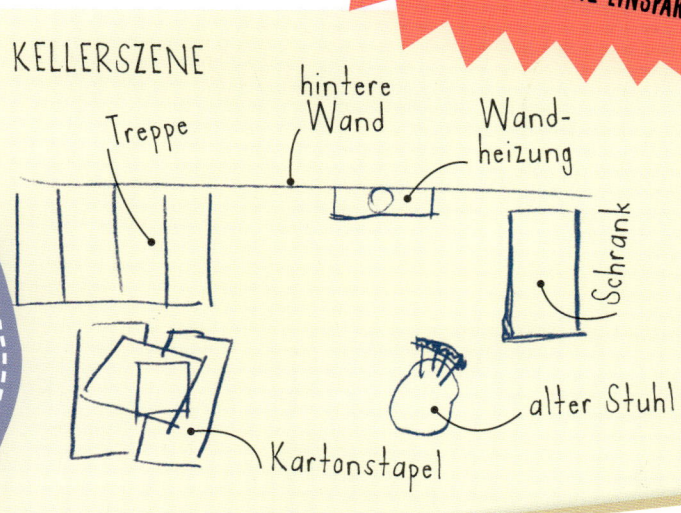

KELLERSZENE

Treppe · hintere Wand · Wandheizung · Schrank · alter Stuhl · Kartonstapel

ANIMATION

Beim Animationsfilm kommt man ohne eine optische Planung wirklich nicht weit. Alle Bilder werden mithilfe von Modellen, Filmsets und Zeichnungen künstlerisch dargestellt. Selbst wenn du keine große Künstlerin/kein großer Künstler bist, solltest du ein paar „Thumbnails" (ganz einfache, kleine Bilder) skizzieren, die eine Vorstellung davon vermitteln, wie jede Einstellung aussieht. Das funktioniert sogar mit Strichmännchen – alles, was dir hilft, den Überblick über die einzelnen Einstellungen zu behalten, ist hier von Nutzen.

Wenn dein Storyboard oder dein Übersichtsbild fertig ist, stelle dir folgende Fragen:

• Kannst du die verschiedenen Figuren gut sehen?

• Zeigen deine Einstellungen eindeutig, wer spricht und mit wem?

• Zeigen die Einstellungen eindeutig, was in deiner Geschichte gerade passiert?

• Vermitteln sie die Stimmung, die du zu erzeugen versuchst?

• Könntest du aus deinen geplanten Einstellungen eine Karte des Drehorts erstellen und einzeichnen, wo die Figuren die Szene beginnen und beenden?

DIE 180-GRAD-REGEL

An diesem Punkt bietet es sich an, mal zu überprüfen, ob das, was du machst, auch funktioniert. Wird es mit den geplanten Einstellungen so gut aussehen wie möglich und werden die Zuschauer verstehen, was gerade passiert? Lass die Szene in deinem Kopf ablaufen, wie du sie nach der Drehfassung filmen willst.

Die letzte Frage der Checkliste auf Seite 21 hat es in sich und wenn die Antwort „Nein" lautet, verwirrst du deine Zuschauer vielleicht. Sie hat mit einer wichtigen Filmtaktik zu tun, der sogenannten 180-Grad-Regel. Sie ist der Hauptgrund, warum es manchmal schwierig ist, einer Szene zu folgen. Wenn du sie beachtest, sieht dein Film gleich viel professioneller aus.

Ein Beispiel

Wenn zwei Figuren miteinander reden, können wir drei Einstellungen vornehmen, zwischen denen wir immer wieder hin- und herschneiden.

SO FUNKTIONIERT ES

Die Figuren sollten sich in einer Szene immer nur geradlinig in eine Richtung bewegen. Wenn sie zu Beginn der Szene in eine Richtung blicken oder laufen, sollten sie während der Szene nicht plötzlich die Richtung wechseln, weil das den Zuschauer verwirrt.

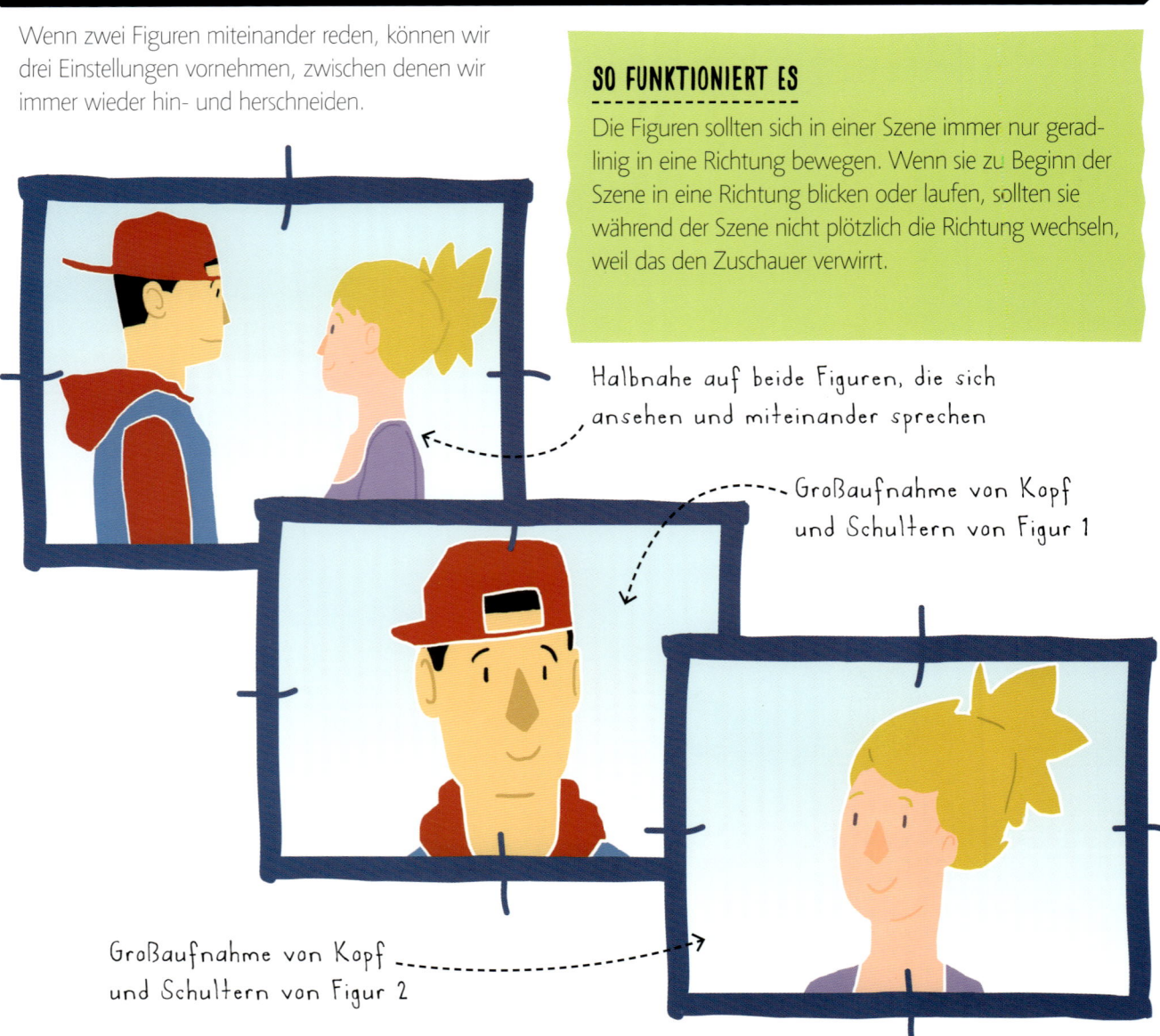

Halbnahe auf beide Figuren, die sich ansehen und miteinander sprechen

Großaufnahme von Kopf und Schultern von Figur 1

Großaufnahme von Kopf und Schultern von Figur 2

WARUM ES FUNKTIONIERT

Die Szene sieht gut aus, weil die Figuren sich anzusehen scheinen, selbst wenn die jeweils andere Figur nicht im Bild ist. Ihre Unterhaltung erscheint natürlich. Wenn wir sie plötzlich von der anderen Seite filmen würden, sodass sie in die andere Richtung blicken, würden wir die 180-Grad-Regel brechen.

Kamera auf einer Seite lassen

WIE MAN ES MACHT

Stell dir vor, du siehst einen Freund an, der dich ebenfalls ansieht. Jetzt denke dir eine Linie auf dem Boden von deinen Füßen zu seinen und eine Kamera links von euch, die auf euch beide gerichtet ist. Du könntest die Kamera auf dieser Seite der Linie überallhin bewegen und es würde nicht komisch aussehen.

Wenn du die Kamera aber auf die andere Seite der Linie stellen und auf euch richten würdest, sähe es im Film so aus, als hätten du und dein Freund die Seiten gewechselt. Das ist für den Zuschauer sehr verwirrend, deshalb machen Profis das auch so gut wie nie.

PRAXISTIPP!

Wenn du dir die Einstellungen vorstellst, denke auch gleich darüber nach, wo die Kamera steht. Wechselst du irgendwann die Seiten? Wenn ja, wäre das verwirrend? Manchmal ist es das nicht, aber meistens schon, also lohnt es sich, das für deine Szenen zu prüfen.

WENN MAN ES RICHTIG MACHT:

- wirkt der Film professioneller
- sind die Zuschauer nicht verwirrt
- können die Zuschauer der Geschichte folgen, weil sie sich den Handlungsort vorstellen können

JEDE EINSTELLUNG ZÄHLT

- -

Über den Produktionswert haben wir ja schon gesprochen, also wie professionell ein Film wirkt. Wie du die einzelnen Einstellungen filmst, kann einen großen Einfluss darauf haben. Wenn du es richtig machst, sieht dein Film fantastisch aus.

- -

Sagen wir, ich drehe eine Szene mit Handlung und Dialogen. Beides soll mitreißend sein und starke Gefühle vermitteln. Idealerweise würde ich einen preisgekrönten Schauspieler oder eine tolle Schauspielerin dafür casten. Aber natürlich habe ich nur ein paar Freunde zur Verfügung, die nicht so viel Erfahrung haben. Was mache ich?

Möglichkeiten

1. Bevor die Darstellung nicht so wird, wie ich es gern hätte, könnte ich die Szene herausnehmen. Aber das wirkt sich meist auf den Verlauf der Geschichte aus.

2. Ich könnte einfach akzeptieren, dass meine Darsteller nicht so gut sind, und die Geschichte wie geplant erzählen. Vielleicht wirkt das jedoch nicht sehr professionell.

3. Ich könnte die Geschichte anders erzählen, damit es weniger auf das Schauspiel ankommt, und damit einen möglichst hohen Produktionswert erreichen.

DAS PROBLEM LÖSEN

Sagen wir, die Szene besteht aus einem sehr emotionalen Telefonat zwischen zwei Figuren. Statt beide Figuren zu zeigen, wie sie ins Telefon sprechen, könnte man das Ganze auch etwas vereinfachen.

PRAXISTIPP!

Mit dem richtigen Ansatz kannst du durch ein paar Kniffe aus einem Nachteil einen Vorteil machen. Sei kreativ bei den Einstellungen, um den Produktionswert zu maximieren.

Lösungen

1 Ich könnte es so drehen, dass die Zuschauer die eine Figur sehen und die andere nur hören. Nur über die Stimme können wir die Schauspielqualität nicht so gut beurteilen.

ÜBERLEGE, IN WELCHEN SZENEN DIESE TECHNIK NOCH FUNKTIONIERT.

2 Eine andere Möglichkeit wäre, die Kamera langsam von hinten auf die zweite Figur zufahren zu lassen. So sehen wir ihr Gesicht nicht, wo sich die meisten Gefühle zeigen. Stattdessen muss das Publikum seine Fantasie bemühen und das Bild in seinem Kopf entstehen lassen. Das tun Zuschauer im Normalfall mithilfe von Erinnerungen, die sie an ähnliche Szenen haben. Die Kamerabewegung verleiht der zweiten Figur außerdem mehr Bedeutung und lenkt die Aufmerksamkeit der Zuschauer auf sie. Plötzlich wird aus unserem Problem die beste Einstellung in der Szene!

GUT GENUG FÜR DEN TRAILER?

So wird langsam ein Schuh draus! Im nächsten Schritt müssen wir uns für jede Einstellung eine letzte Frage stellen, bevor wir sie endgültig festlegen: Ist sie gut genug für den Trailer? Diese Frage ist wirklich wichtig, denn wenn du sie für jede Einstellung im Film mit „Ja" beantworten kannst, bist du auf dem richtigen Weg zu einem optischen Meisterwerk. Damit bewertest du die Einstellung nämlich und überlegst, ob es eine bessere Möglichkeit gibt, sie zu filmen. Wenn nicht, kann es jetzt endlich losgehen mit dem Drehen.

SCHON GEWUSST?

WENN DU DAS NÄCHSTE MAL IM KINO BIST, ACHTE AUF DIE TRAILER. GROSSE STUDIOS VERWENDEN NUR IHRE BESTEN EINSTELLUNGEN FÜR DEN TRAILER.

PLANEN, PLANEN, PLANEN!

Jetzt sind wir endlich bereit für die Produktionsphase! Aus einer Grundidee hast du ein Drehbuch entwickelt, es in vernünftige Szenenhäppchen unterteilt und alle Einstellungen geplant. Jede Einstellung hast du wieder und wieder geprüft – das heißt, du hast wirklich die Zeit aufgebracht, deinen Film so gut zu machen, wie er nur sein kann. Jetzt bist du bereit für die Dreharbeiten.

DREHARBEITEN ORGANISIEREN

Du brauchst deine Szenen nicht in der Reihenfolge zu drehen, in der sie im Film erscheinen. Zum Beispiel könnte in deinem Drehbuch stehen, dass die erste und die letzte Szene im Haus der Hauptfigur gefilmt werden und die Szenen dazwischen woanders spielen. Dann wäre es sinnvoll, erst alle Szenen im Haus in einem Durchgang zu filmen und dann zum nächsten Drehort weiterzugehen.

Vielleicht schaffst du es, deinen ganzen Film an einem Tag zu drehen, aber wahrscheinlicher ist es, dass mehrere Drehtermine nötig sind, um alles aufzunehmen, was du brauchst. Du musst jeden Drehtag genau planen, damit du deine Zeit möglichst gut nutzt. Wenn du dir schon mal vorstellst, was schiefgehen könnte, und dir Lösungen überlegst, läuft es am Drehtag selbst bestimmt besser.

NIMM DIR KURZ ZEIT UND DENKE DARÜBER NACH, WAS DU BISHER GETAN HAST. DU HAST WIRKLICH SCHON EINE MENGE GESCHAFFT! DEINE HARTE ARBEIT WIRD AUS DEINEM FILM ETWAS MACHEN, AUF DAS DU RICHTIG STOLZ SEIN KANNST.

BUDGET

Es ist nicht wichtig, wie viel oder wenig Geld du für das Projekt zur Verfügung hast, ein Budget musst du trotzdem aufstellen. Wenn du anfängst zu drehen und dann feststellst, dass du nicht genügend Geld hast, kannst du deinen Film nicht fertig drehen. Mit einem Finanzplan kannst du ausrechnen, was du schon hast, was du noch brauchst, wie du es bekommst und ob du dein Projekt anpassen musst, wenn du das Geld nicht bekommst.

Was ich brauche:

Drehorte
Requisiten
Darsteller
Kostüme

Crew und Ausrüstung:

Regisseurin/Regisseur
Kamerafrau/Kameramann
Runner (Helferin/Helfer)
Kamera

PRAXISTIPP!

Du solltest versuchen, alle Drehtage zu planen, bevor du anfängst, aber wenn das aus irgendeinem Grund nicht geht, fange zu drehen an, sobald der erste Drehtag geplant ist.

Lies das Drehbuch und schreibe alles auf, was in der Geschichte vorkommt. Auf diese Liste gehört alles, was im fertigen Film zu sehen sein wird.

Wenn du die Elemente der Geschichte hast, schreibe auf, welche Ausrüstung und Helfer du brauchst. Einiges, was hier schon steht, brauchst du für dein Projekt vielleicht gar nicht, anderes schon.

AUCH WENN DEINE DARSTELLER FREUNDE VON DIR SIND, DIE KEINE GAGE ERWARTEN, SOLLTEST DU WENIGSTENS FÜR MITTAGESSEN UND SNACKS SORGEN. FILMEN MACHT HUNGRIG!

WAS BRAUCHE ICH NOCH?

Es gibt einige Dinge, an die du vielleicht nicht gedacht hast, die aber in dein Budget gehören. Wie kommt ihr zum Beispiel zu den Drehorten? Auch Essen und Trinken für Darsteller und Helfer darfst du nicht vergessen. Überlege, wie viel all das kosten wird. Die meisten Dinge sind umsonst, aber manche eben nicht. Addiere die Kosten, damit du siehst, ob du es dir immer noch leisten kannst. Wenn ja: Fantastisch! Wenn nein, überlege, worauf du verzichten kannst oder wer dich unterstützen könnte.

EIN TEAM ZUSAMMENSTELLEN

Jetzt hast du eine Liste aller Dinge, die du für die Dreharbeiten brauchst. Deine nächste Aufgabe ist es also, dich durch die Liste zu arbeiten und Helfer, Drehorte, Darsteller, Requisiten, Kostüme und Ausrüstung aufzutreiben. Meistens ist es am einfachsten, deine Freunde um ihre Hilfe als Filmcrew und Darsteller zu bitten.

PRODUKTIONSTREFFEN

Sobald du alles am Start hast, ist es ganz wichtig, ein Treffen mit allen Beteiligten zu organisieren, um das Projekt zu besprechen und damit alle sich mit ihren Aufgaben vertraut machen können. Professionelle Filmcrews halten vor Drehbeginn immer Produktionstreffen ab, damit alle Beteiligten wissen, was von ihnen erwartet wird.

PRAXISTIPP!

Deine Freunde könnten auch bei Drehorten und Requisiten helfen. Vielleicht haben sie Zugang zu einer Turnhalle oder der Arbeitsplatz ihrer Mutter könnte ein interessanter Drehort sein. Fragen kostet nichts!

Tagesordnung Produktionstreffen

- Drehbücher verteilen

- Geschichte besprechen und den anderen vermitteln, was du erreichen willst

- Daten und Uhrzeiten verabreden, zu denen alle Zeit haben

- Drehplan erstellen

- Fahrten zu Drehorten organisieren

- Verantwortliche(n) für Requisiten und Kostüme ernennen

- Alternativpläne entwickeln (z. B. Ausweichdatum für Außenaufnahmen, falls das Wetter schlecht ist)

Wenn du dein erstes Treffen abhältst, solltest du gut vorbereitet sein, weil es viel zu organisieren gibt. Du solltest eine Liste mit allen Dingen erstellen, die du besprechen willst, und sie zum Treffen mitnehmen, damit du nichts vergisst.

PROTOKOLL

Verteile nach dem Treffen an jeden Beteiligten eine Kopie deiner Notizen, damit alle genau wissen, was geplant ist. Jetzt bist du gut vorbereitet, um letzte Vorbereitungen zu treffen, und kannst Daten und Uhrzeiten für die Dreharbeiten festlegen.

BEREIT ZUM DREHEN!

In den folgenden Kapiteln findest du praktische Tipps für die Kamera- und Regiearbeit, mit denen du dich auf die Dreharbeiten vorbereiten kannst. Was du dabei lernst, brauchst du, um die Zeit optimal zu nutzen, die du für den Dreh reserviert hast. Wenn du deine Zeit gut nutzt und die Techniken aus den nächsten Kapiteln beherrschst, wirst das der beste Film, den du drehen kannst.

KAMERAARBEIT

Die wichtigste Ausrüstung beim Filmemachen ist natürlich die Kamera. Moderne Kameras stecken voller komplizierter Technik und man muss jahrelang lernen und üben, bis man sie von A bis Z versteht. Es gibt aber ein paar grundlegende Dinge, die jeder Filmemacher über ihre Funktionsweise wissen sollte.

Die Kamera

Es gibt ganz unterschiedliche Video-kameras, von den winzigen eingebauten Smartphonekameras über die kleinen Handkameras, mit denen Eltern eine Schulaufführung filmen, bis hin zu den großen Profikameras, die Tausende von Euro kosten. Aber jede Art von Kamera besteht aus zwei Hauptteilen: der Linse und dem Gehäuse.

Digitaler Camcorder

Digital-Kompaktkamera

Das Kameragehäuse enthält die Hardware, die das Licht in das digitale Bild umwandelt, das du als Ergebnis siehst.

Die Linse ist der Teil der Kamera, der das Licht herein-lässt und es zu einem Bild bündelt.

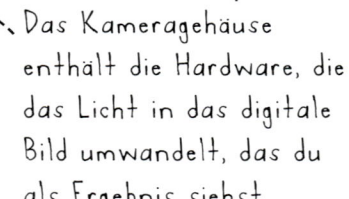
Smartphone

Digitale Spiegelreflexkamera

SO HOLST DU DAS BESTE AUS DEINER KAMERA HERAUS

Diese stark vereinfachte Erklärung, wie eine Kamera funktioniert, ist aus einem entscheidenden Grund wichtig: Deine Aufgabe beim Filmemachen besteht darin, möglichst gute Bilder in die Linse zu leiten, damit das Kernstück (oder der Computer) der Kamera weniger zu tun hat.

Mit den eingebauten Kameras in Smartphones oder Digitalkameras und Camcordern nimmt man oft besondere Momente auf. Die Videos sollen alles so deutlich wie möglich zeigen, um die Erinnerung möglichst vollständig einzufangen.

Deswegen hellt der Computer in der Kamera von sich aus Bereiche auf, die er zu dunkel findet, um möglichst viel zu zeigen, und du hast sehr wenig Kontrolle über das fertige Bild. Wer Regie führt, muss die aber haben, um die Geschichte auf seine Weise erzählen zu können. Du musst auch die Beleuchtung kontrollieren, indem du die Drehorte gut auswählst und die vorhandene Beleuchtung ausnutzt.

SCHON GEWUSST?

EINE MODERNE KAMERA IST EIN FANTASTISCHES WERKZEUG, ABER SIE KANN NICHT ZAUBERN. IM PRINZIP BEKOMMT MAN DAS HERAUS, WAS MAN HINEINSTECKT. AUCH DIE TEUERSTE KAMERA KANN EINE SCHLECHTE SCHAUSPIELERLEISTUNG, EINEN SCHLECHT ENTWORFENEN SET ODER EINE UNGESCHICKTE EINSTELLUNG NICHT VERBERGEN.

DEINE AUFGABE ALS REGISSEURIN ODER REGISSEUR IST ES, VON JETZT AN DIE KONTROLLE ÜBER DAS BILD ZU ERKÄMPFEN.

PRAXISTIPP!

Extreme Beleuchtungssituationen (zu dunkel oder zu hell) solltest du am besten vermeiden, sonst schaltet der Kameracomputer sich ein und passt das Bild zu stark an.

FILM ODER DIGITALVIDEO?

Über 100 Jahre lang wurden fast alle Hollywoodfilme auf Filmrollen gedreht, aber heutzutage dreht man viele schon im Digitalformat. Auch die traditionell gedrehten Filme werden oft in einer Digitalfassung an die Kinos geschickt. Der Hauptgrund dafür ist Geld. Es kostet etwa 1300 Euro, eine einzige Kopie eines Films zu ziehen und sie an ein Kino zu schicken. Digitale Kopien sind wesentlich billiger.

KAMERABEWEGUNGEN

Da du jetzt das Wichtigste über Kameras weißt, wenden wir uns den Einstellungen zu. Wir haben schon gesehen, wie bestimmte Einstellungen aussehen und wie man sie erzeugt, aber bis jetzt ging es nur um statische, also unbewegte Einstellungen. Damit dein Film interessanter – und professioneller – wirkt, musst du die Kamera in Bewegung bringen. Dafür hast du drei Möglichkeiten.

Einstellung 1: DER HORIZONTALSCHWENK

WAS IST DAS? Einen Horizontalschwenk macht die Kamera, wenn wir uns waagerecht durch eine Szene bewegen.

WIE MACHT MAN DAS? Wenn du beim Filmen einer Szene stehst und die Kamera langsam von links nach rechts bewegst, machst du einen Horizontalschwenk. Du kannst so auch den Bewegungen einer Figur hinterherschwenken, um ihr besser durch die Szene zu folgen.

DIE WIRKUNG: Diese Einstellung zeigt den Ort, an dem die Szene spielt, genauer als eine statische (unbewegte) Einstellung.

FREIHAND ODER STATIV? Beides geht, solange die Kamerafrau oder der Kameramann stehen bleibt und die Kamera nur von links nach rechts oder umgekehrt bewegt.

Einstellung 2: DER VERTIKALSCHWENK

WAS IST DAS? Ein Vertikalschwenk ist ein senkrechter Schwenk.

WIE MACHT MAN DAS? Die Kamerafrau/der Kameramann steht still und dreht die Kamera nach oben zum Himmel oder nach unten zum Boden.

DIE WIRKUNG: Diese Einstellung wird vor allem benutzt, um Aufsichten und Untersichten einzuleiten.

FREIHAND ODER STATIV? Beides geht.

Einstellung 3: **DER ZOOM**

WAS IST DAS? Bei einem Zoom scheint das Bild größer oder kleiner zu werden, je nachdem, ob die Kamera heran- oder hinauszoomt.

WIE MACHT MAN DAS? Diese Funktion ist in allen Videokameras eingebaut. Die Kamera wird beim Zoomen still gehalten.

DIE WIRKUNG: Mit dieser Technik kann man die Bedeutung eines Ereignisses oder Gegenstands zeigen und die Aufmerksamkeit des Zuschauers lenken.

FREIHAND ODER STATIV? Beides geht, aber am besten funktioniert es, wenn die Kamera ganz ruhig gehalten wird, z. B. auf einem Stativ.

SCHON GEWUSST?

BEI VIELEN STUNTS WIRD DIE KAMERA SEHR WEIT WEG AUFGESTELLT UND DER DARSTELLER HERANGEZOOMT. SO SIEHT ES AUS, ALS SEI ER VIEL NÄHER AM HINTERGRUND, ALS ER WIRKLICH IST. EXPLOSIONEN UND VERFOLGUNGSJAGDEN IM AUTO KÖNNEN SO IN SICHERER ENTFERNUNG VOM DARSTELLER GEFILMT WERDEN, ERSCHEINEN IM FILM DANN ABER SEHR NAH BEI IHM.

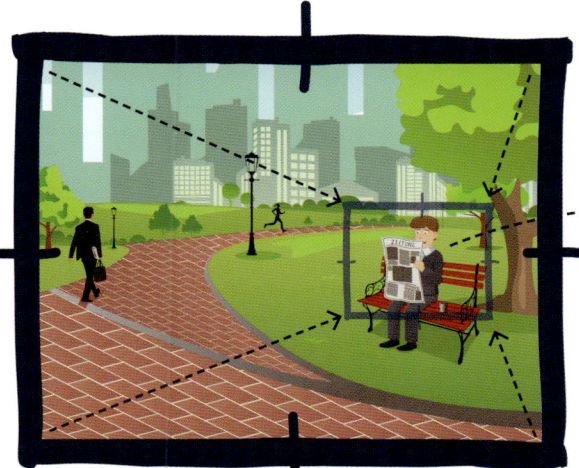

MANCHE KAMERAS HABEN EINEN FISCHAUGE-MODUS, MIT DEM SIE EXTREM WEIT HINAUSZOOMEN KÖNNEN. DAS BILD IST DANN RUND UND VERZERRT.

ZOOMEN FÜR FORTGESCHRITTENE

Beim Heranzoomen verzerrst du die Bildränder leicht. In der entferntesten Einstellung können die Bildränder etwas rund wirken. Beim Heranzoomen beseitigst du diesen Rundungseffekt und glättest die Ränder. Kurz gesagt, der Hintergrund sieht beim Hinauszoomen größer aus und beim Heranzoomen kleiner. Dieses Wissen kannst du nutzen, um mit interessanten Einstellungen zu experimentieren.

KOMPLIZIERTERE EINSTELLUNGEN

Wenn du einen Film siehst, wirst du feststellen, dass die Kamera fast immer irgendwie in Bewegung ist. Wenn die Bewegung kontrolliert und flüssig ist, sehen die Einstellungen sehr professionell aus. Auch du kannst solche Einstellungen drehen, damit dein Film gut aussieht. Du solltest vor den Aufnahmen die Kamerabewegung auf jeden Fall ein bisschen üben – aber mit ein wenig Arbeit kannst du bald „Action!" rufen.

Einstellung 4: DIE KAMERAFAHRT

WAS IST DAS? Bei einer Kamerafahrt scheint die Kamera ohne Widerstand durch die Szene zu gleiten. Dabei kann die Kamera vorwärts, zurück, seitlich oder diagonal bewegt werden.

WIE MACHT MAN DAS? Filmemacher montieren die Kamera für Kamerafahrten auf einer großen Plattform, die einem Skateboard ähnelt und mit Metallschienen auf dem Boden verbunden ist.

DIE WIRKUNG: Kamerafahrten sehen immer besser aus als Zooms oder Horizontalschwenks, weil sie den Zuschauern den Eindruck vermitteln, selbst mitten in der Szene zu sein.

PRAXISTIPP!
Du kannst eine Kamerafahrt machen, indem du filmst, während du auf einem Bürostuhl mit Rollen sitzt und ein Freund dich langsam durch die Szene schiebt. Achte darauf, dass die Bewegung möglichst ruckelfrei bleibt.

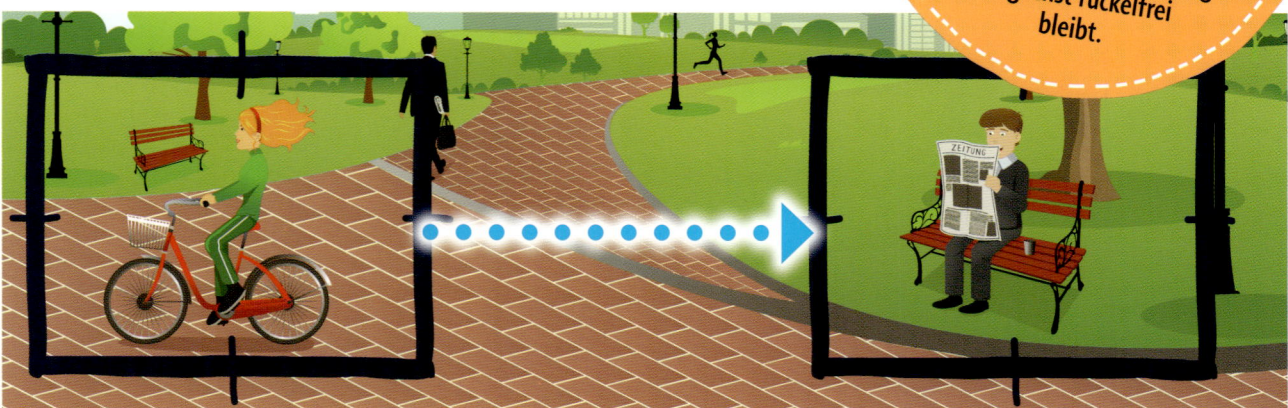

1 Setze dich auf einen Stuhl mit Rollen an den Anfang der Szene.

2 Lass dich von einem Freund langsam durch die Szene schieben, während du filmst.

3 Mit einer flüssigen Bewegung kannst du so über eine weite Entfernung schwenken.

Einstellung 5: DIE PARALLELFAHRT

WAS IST DAS? Eine Parallelfahrt ist eine Kamerafahrt, bei der die Kamera einer Figur folgt, während sie sich durch die Szene bewegt. Sie kann auch einem Objekt folgen, etwa einem Auto.

WIE MACHT MAN DAS? Filmemacher benutzen dafür entweder Kameraschienen oder die Kamerafrau/ der Kameramann läuft mit der Figur mit.

DIE WIRKUNG: Die Figur scheint stillzustehen, während sich der Hintergrund bewegt. Das vermittelt den Eindruck eiliger Bewegung.

Einstellung 6: DOLLY-ZOOM

WAS IST DAS? Der Dolly-Zoom, auch Zoom-Fahrt-Kombination genannt, ist eine Technik, die den Hintergrund einer Szene massiv verzerrt, indem sie ihn entweder kleiner oder größer macht, während der Darsteller gleich groß bleibt.

WIE MACHT MAN DAS? Man macht eine Kamerafahrt auf den Darsteller zu oder von ihm weg und zoomt gleichzeitig so heran oder hinaus, dass der Darsteller im Bild dieselbe Größe behält.

DIE WIRKUNG: Der Dolly-Zoom ist eine gute Möglichkeit, den Zuschauern zu zeigen, dass etwas Wichtiges passiert ist. Er erzeugt einen sehr interessanten Videoeffekt, den du wahrscheinlich schon in vielen Filmen gesehen hast.

EIN PERFEKTER DOLLY-ZOOM ERFORDERT VIEL ÜBUNG UND GENAUES TIMING, SORGT ABER FÜR TOLLE EFFEKTE IN SPIELFILMEN UND IN STOP-MOTION-ANIMATIONSFILMEN.

1 Bereite die Einstellung vor und achte besonders auf die Position der Figur im Bildausschnitt.

2 Während du die Kamera vom Darsteller wegbewegst, zoome gleichzeitig heran, damit die Figur dieselbe Größe und Position wie in Schritt 1 behält.

FREIHAND ODER STATIV?

Vor dem Drehen solltest du dir darüber Gedanken machen, ob du freihändig filmen oder lieber ein Stativ benutzen möchtest. Das Stativ sorgt für ein stabiles Bild und das kann sehr nützlich für Einstellungen sein, in denen der Zuschauer eine Menge Einzelheiten erkennen muss. Freihändig gefilmte Aufnahmen sehen dagegen menschlicher aus, aber du musst aufpassen, dass die Kamera dabei nicht zu sehr wackelt.

STABILISIERTE FREIHAND

Es gibt eine Zwischenstufe zwischen Freihand- und Stativaufnahmen, die sogenannten „stabilisierten Freihand- aufnahmen". Manchmal soll die Einstellung etwas unge- schliffen aussehen, aber nicht eindeutig nach Handkamera, wie man es etwa in einem Film aus gefundenem Material (Found-Footage-Film) erwarten würde.

GRÜNDE FÜR STABILISIERTE FREIHAND:

- Die leichte Bewegung lässt die Einstellung menschlicher wirken.
- Wir können die Szene in einem Take drehen, indem wir die Kamera bewegen.
- Wir können Bewegungen erzeugen, die mit einem Stativ oder Kamerawagen nicht möglich sind.

PRAXISTIPP!

Beim Filmen von Stop-Motion- Animationsfilmen muss jedes Foto dem vorherigen so ähnlich wie möglich sein, damit die Animation flüssig wird. Für solche Filme solltest du lieber mit Stativ arbeiten, weil du so wesent- lich mehr Kontrolle über die Kamera hast.

SO WERDEN FREIHANDAUFNAHMEN PERFEKT:

- Schultern oben halten, Ellbogen an den Seiten.
- Die Kamera locker in den Händen halten und die Handgelenke entspannen. Wenn du angespannt bist, wackelt die Kamera.
- Bei Kamerabewegungen am besten nur Schultern und Ellbogen bewegen. So wirken die Bewegungen im Film flüssiger und kontrollierter.

GUTE FREIHANDAUFNAHMEN ZU MACHEN, ERFORDERT VIEL ZEIT UND ÜBUNG.

RIGGING

Jetzt weißt du alles über die Einstellungen, sehen wir uns also ein paar Hilfsmittel an, mit denen sie noch besser werden. In der Filmbranche benutzt man dazu eine professionelle Ausrüstung („Rigging" genannt) wie Kamerawagen- und Schienensysteme, Kräne, Kamerastabilisatoren und einen ganzen Haufen sehr nützlicher, aber auch sehr teurer technischer Spielereien.

Kein Geld? Keine Sorge: Du brauchst keine Profiausrüstung. All die teuren Dinge sind nur Hilfsmittel, die die Arbeit erleichtern sollen. Mit Übung und ein paar selbst gebastelten Hilfsmitteln kannst du dieselbe Wirkung erzielen – und ich zeige dir, wie wir es sogar noch besser machen.

SELBST GEBASTELTE AUSRÜSTUNG

Wahrscheinlich drehst du deinen Film mit einem eher kleinen Gerät – mit einem Smartphone oder Camcorder vielleicht. Profi-Filmkameras sind groß! Die Kameratechnologie ist inzwischen so weit fortgeschritten, dass sie nicht mehr ganz so groß sein müssten, aber sie sind es immer noch, weil große Kameras bei Freihandaufnahmen leichter zu kontrollieren sind. Wir können solche Aufnahmen aber auch problemlos mit unseren kleinen Kameras machen – auf der nächsten Seite zeige ich dir, wie das geht.

SCHON GEWUSST?

BEI STABILISIERTEN FREIHANDAUFNAHMEN LÄUFST DU AM BESTEN RÜCKWÄRTS. ES KLINGT KOMISCH, ABER SO HAST DU MEHR KONTROLLE! PASS ABER AUF, DASS DU NICHT ÜBER ETWAS STOLPERST, UND ACHTE AUF DEINE UMGEBUNG. WENN DU DEN MOONWALK BEHERRSCHST, TU DIR KEINEN ZWANG AN!

Man kann beim Filmen schnell über etwas stolpern oder fallen, wenn man nicht darauf achtet, wo man hintritt. Plane deine Bewegungen vorher, räume vor den Dreharbeiten einen Kamerapfad frei und bitte jemanden am Set, darauf zu achten, wo du hinläufst, und dich bei Bedarf aufzuhalten, bevor du eine Katastrophe verursachst.

SMARTPHONESTABILISATOR BAUEN

Diese Methode eignet sich am besten für Smartphones, lässt sich aber auch an andere Arten von Kameras anpassen. Dieses Hilfsmittel ist einfach herzustellen, vor allem, wenn ein Freund dabei helfen kann.

DU BRAUCHST:

○ ein Smartphone

○ eine Hartplastikhülle für das Smartphone

○ eine Stange (irgendetwas Langes und Gerades, z. B. einen Besenstiel)

○ ein starkes Befestigungsmittel, z. B. Klebeband, eine Heißklebepistole oder Sekundenkleber

○ ein Gegengewicht, z. B. einen kleinen Beutel mit Murmeln, Schrauben oder Münzen

SCHON GEWUSST?

MIT DIESEM HILFSMITTEL KANNST DU EINE EINSTELLUNG WIE AUS EINEM HOLLYWOODFILM DREHEN! ABER DIR GELINGEN AUCH EINSTELLUNGEN, DIE HOLLYWOOD NIE SCHAFFT, INDEM DU DEINE KAMERA VON DER STANGE NIMMST UND AN ENGEN ORTEN FILMST, IN DIE GROSSE KAMERAS NICHT HINEINPASSEN. SO KANNST DU AUS INTERESSANTEN BLICKWINKELN DREHEN, ETWA AUS EINEM KOFFERRAUM HERAUS, UNTER EINEM BETT HERVOR ODER IN EINEM SCHRANK.

Schritt 1

Befestige ein Ende der Stange hinten an der Smartphonehülle. Achte darauf, dass oben etwa 5 cm frei bleiben und dass das Smartphone quer ausgerichtet ist. Die Verbindung muss richtig stabil sein.

Smartphone-hülle

PRAXISTIPP!

Es gibt unzählige Anleitungen zum Selbermachen solcher Hilfsmittel im Internet, die vielleicht besser zu deiner Kamera und deiner Ausrüstung passen. Es lohnt sich, sich dort mal umzusehen.

Schritt 2

Befestige den Beutel mit den Gegengewichten so am anderen Ende der Stange, dass er nicht schwingen kann, wenn die Kamera bewegt wird. Du musst noch Gewichte hinzufügen und wegnehmen können, um die Konstruktion richtig auszubalancieren.

KLEBSTOFFE KÖNNEN BEI FALSCHER ANWENDUNG GEFÄHRLICH WERDEN! LASS DIR IM ZWEIFELSFALL VON EINEM ERWACHSENEN HELFEN.

Stange

Gegengewicht

Schritt 3

Halte die Stange so, dass deine Hände mindestens 15 cm Abstand voneinander haben, und finde eine Position, die für beide Hände angenehm ist. Wickle an diesen Stellen ein paar Lagen Klebeband um die Stange. So findest du die Haltepunkte besser wieder und kannst die Stange auch besser greifen.

Schritt 4

Sobald du überprüft hast, ob alle Verbindungen stabil sind, klemme das Smartphone in die Hülle. Balanciere die Stange auf der Hand, indem du sie in der Mitte quer vor dir hältst. Korrigiere das Gegengewicht, indem du Gewichte hinzufügst oder herausnimmst, bis es die Kamera ausbalanciert. Sobald die Vorrichtung ausbalanciert ist, kannst du die Kamera damit flüssig bewegen.

Schritt 5

Versuche dich an einigen gleitenden Freihandaufnahmen mit deinem neuen Haltestab. Es müsste viel einfacher sein als ohne, weil du die Kamerabewegung nun über eine größere Oberfläche steuerst. Und vor allem wird die Kamera nun durch das Gewicht unten ausbalanciert.

PRAXISTIPP!

Bevor du mit den Dreharbeiten beginnst, übe die Techniken, die du in diesem Kapitel gelernt hast. Gehe im Haus herum und filme, worauf du Lust hast, aber plane deine Einstellungen genau. Arbeite an jeder Technik, bis du sie beherrschst, entweder Freihand oder auf dem Stativ.

LICHT UND TON

Es ist leicht, sich so sehr auf Drehbücher, Kostüme und Kamerabewegungen zu konzentrieren, dass du zwei der wichtigsten Aspekte deines Films vergisst: Licht und Ton. Tatsächlich ist das Licht das Wichtigste beim Aufbau einer Szene. Es verleiht dem Bild nicht nur Tiefe und Gefühl, sondern die Einstellungen sehen auch professioneller aus, wenn du das Licht im Griff hast.

Die Beleuchtung in einem Film ist kompliziert und teuer, daher wirst du vermutlich nicht die notwendige Ausrüstung haben, um es so zu machen wie die Profis. Aber du kannst dir mit ein paar Tricks Marke Eigenbau behelfen, die dich keinen Cent kosten.

3-PUNKT-BELEUCHTUNG

Sehen wir uns zunächst mal einige grundlegende Beleuchtungstechniken an. Die häufigste Form der Beleuchtung ist die sogenannte 3-Punkt-Beleuchtung und wird in den meisten Filmen auf die eine oder andere Weise eingesetzt. Man braucht dazu drei Lichtquellen. So gewinnt das Bild an Tiefe und die Zuschauer werden zu den wichtigen Teilen der Szene gelenkt.

> WENN DU EINEN FILMPROFI FRAGST, WAS REGISSEURINNEN ODER REGISSEURE BEIM ERSTEN FILM AM HÄUFIGSTEN ÜBERSEHEN, SAGEN SIE WAHRSCHEINLICH „LICHT UND TON".

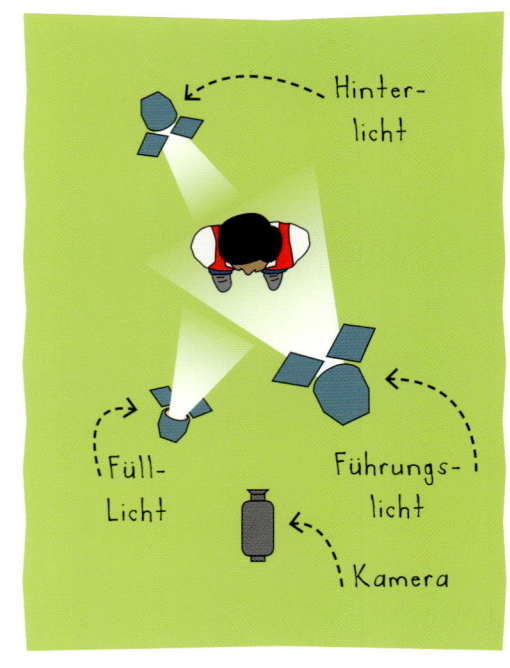

Hinterlicht

Füll-Licht

Führungslicht

Kamera

Licht 1: DAS FÜHRUNGSLICHT

Die erste Lichtquelle heißt Führungslicht. Sie ist die stärkste Lichtquelle im Bild und sorgt für den Großteil der Szenenbeleuchtung.

Das Führungslicht wird meist hoch und seitlich platziert.

Licht 2: DAS FÜLL-LICHT

Das Füll-Licht ist schwächer und diffuser und soll die Schattenbereiche aufhellen, die das Führungslicht verursacht. Auf diese Weise bekommt das Bild mehr Tiefe und Kontrast, ohne dass ein Bereich zu dunkel wird. Durch den Einsatz eines Füll-Lichts entsteht ein interessantes Bild mit ausgewogenen Kontrasten.

Das Füll-Licht wird meist tief und gegenüber dem Führungslicht platziert.

SCHON GEWUSST?

EIN FÜLL-LICHT MACHT DIE SCHATTEN DES FÜHRUNGSLICHTS WEICHER. OHNE FÜLL-LICHT KÖNNEN AUF DEN GESICHTERN DER DARSTELLER HARTE SCHATTEN ENTSTEHEN.

Licht 3: DAS HINTERLICHT

Das Hinterlicht wird eingesetzt, um dem Bild mehr Tiefe zu verleihen. Es beleuchtet die Szene von hinten und ist etwa auf die Kamera ausgerichtet (außerhalb des Bildes). So werden die Konturen der Menschen und Gegenstände in der Szene beleuchtet, damit sie sich gegen den Hintergrund abheben.

Das Hinterlicht wird normalerweise etwa in Kopfhöhe gegenüber dem Führungslicht platziert.

VORHANDENES LICHT NUTZEN

Die 3-Punkt-Beleuchtung eignet sich ideal für Filmstudios, wo es in der Regel die erforderliche Ausrüstung gibt. Wenn du an deine eigenen Szenen denkst, solltest du erst einmal feststellen, was schon vorhanden ist, um den Drehort zu beleuchten.

Bei Tagesaufnahmen in Innenräumen findest du wahrscheinlich Lampen, die du nach deinen Bedürfnissen aufstellen kannst. Bei Außenaufnahmen ist meist die Sonne deine Hauptlichtquelle.

PRAXISTIPP!

Wenn du im Freien drehst, musst du nicht nur das natürliche Licht berücksichtigen, wahrscheinlich hast du dort auch keinen Strom zur Verfügung.

INNENSZENEN BELEUCHTEN

Wenn du eine Innenszene drehst, ist das Tageslicht, das durch die Fenster fällt, die stärkste Lichtquelle und gibt ein gutes Führungslicht ab. Mit Lampen kannst du die Schattenbereiche aufhellen, um weichere Kontraste zu erzeugen. Die Deckenbeleuchtung schließlich kannst du als Hinterlicht einsetzen, um mehr Tiefe ins Bild zu bringen.

AUSSENSZENEN BELEUCHTEN

Bei Außenaufnahmen musst du wahrscheinlich kreativer werden. Wenn du eine große, helle Fläche findest, kannst du sie in der Nähe der Figuren aufstellen, damit sie das Tageslicht reflektiert und als Füll-Licht zurückwirft. Mit derselben Technik kannst du auch die Figuren von hinten beleuchten und dem Bild mehr Tiefe verleihen.

PRAXISTIPP!
Jede Kamera reagiert anders auf schwache Beleuchtung. Mach also ein paar Probe- aufnahmen, um herauszu- finden, wie deine Kamera arbeitet.

NACHTAUFNAHMEN

In mancher Hinsicht können Nachtaufnahmen ganz einfach umzusetzen sein – zumindest bei Innenszenen. Wenn es draußen dunkel ist, hast du mehr Kontrolle über die Beleuchtung einer Szene, weil du Lichter und Lampen nach Belieben umstellen kannst.

Nächtliche Außenaufnahmen dagegen sind sehr schwierig zu filmen. Es gibt keinen richtigen Weg, wie man es macht, du musst also ausprobieren, ob und wie du verschiedene Lichtquellen wie Mond, Straßenlaternen oder Taschenlampen geschickt reflektieren kannst.

REFLEKTORBOARD BASTELN

Um das Licht vernünftig zu reflektieren, brauchst du ein paar sogenannte Reflektorboards. Zum Glück lassen sie sich aus alten Kartons ganz leicht selbst herstellen.

SCHON GEWUSST?

MIT MEHREREN REFLEKTORBOARDS KANNST DU EINE SZENE NUR MIT NATÜRLICHEN LICHTQUELLEN ZIEMLICH PROFESSIONELL AUSLEUCHTEN.

DU BRAUCHST:

- große Pappen aus alten Kartons (je größer, desto besser)
- Klebeband
- Alufolie

1 Schneide ein großes Quadrat oder Rechteck aus dem Karton.

2 Schneide aus dem Kartonrest Streifen aus und verstärke die Ränder auf der Rückseite deiner Pappe.

3 Nimm ein paar Blatt Alufolie und knülle sie leicht zusammen. Pass aber auf, dass sie nicht reißt oder zu stark zerknüllt.

4 Entfalte die Folie vorsichtig wieder. Sie sollte nun leicht krumpelig sein – so wird die Reflexion schön diffus.

5 Befestige die Alufolie mit Klebeband auf der Vorderseite der Pappe. Wiederhole das mit weiteren Folien, falls nötig, bis die Pappe ganz abgedeckt ist.

SO BENUTZT DU DAS REFLEKTORBOARD

Eine Helferin oder ein Helfer hält das Board schräg zur Lichtquelle und zum Darsteller. Über die Entfernung bestimmst du, wie stark die Aufhellung wird. Je näher das Reflektorboard am Darsteller ist, desto heller ist das reflektierte Licht.

TONAUFNAHMEN

Der Ton ist ein weiterer Bereich, der oft übersehen wird, dabei ist ein guter Ton wichtig, damit die Zuschauer am Ball bleiben. Wir haben kein Problem damit, einen Film mit Amateuraufnahmen zu sehen, in dem die Bilder absichtlich verwackelt und manchmal unscharf sind, aber wenn der Ton ständig ein- und wieder aussetzte, würden wir sofort ausschalten.

Wahrscheinlich hast du keinen Zugang zu einer professionellen Audioausrüstung, aber das ist nicht weiter schlimm: Wir machen einfach das Beste aus dem, was wir haben. Hier sind ein paar Tipps.

Tipp 1: DEN RICHTIGEN DREHORT WÄHLEN

Kameras, wie du sie vermutlich benutzen wirst, nehmen die Hintergrundgeräusche mit auf. Du musst diese Geräusche so gering wie möglich halten, indem du Drehorte mit möglichst wenigen Störgeräuschen auswählst. Am besten sind entweder Innenräume, wo du Türen und Fenster schließen kannst, oder Orte im Freien, wo nicht ständig Leute vorbeikommen.

PRAXISTIPP!
Während der Aufnahme muss dein Team absolut still sein, um die Aufnahme nicht zu verderben. Moderne Videokameras erfassen so gut wie jedes Geräusch in ihrer Umgebung.

Tipp 2: DEN TON DÄMPFEN

Gehe zu Hause auf die Suche nach Decken, Federbetten und Handtüchern und verteile sie auf großen, ebenen Oberflächen am Drehort. Nicht nur Licht kann reflektiert werden, sondern auch Ton. Wenn du dicke Stoffe über große, ebene Flächen legst, kann der Ton nicht mehr von ihnen abprallen.

DAS FUNKTIONIERT AM BESTEN DRINNEN, ABER AUCH AN MANCHEN AUSSENDREHORTEN. ACHTE ABER DARAUF, DASS DIE STOFFE NICHT IM BILD SIND!

Tipp 3: DER NUR-TON

In der Nachbearbeitung wirst du wahrscheinlich kurze Sequenzen herausschneiden und umstellen, um Szenen schneller oder langsamer zu machen. Bei jedem Schnitt hörst du auch die Hintergrundgeräusche einsetzen, wenn du die Sequenzen hintereinanderschneidest. Deswegen legen Filmemacher einen sogenannten „Nur-Ton" oder „Wild Track" über die Tonspur. Dazu brauchst du nur etwa eine Minute lang den natürlichen Ton eines Drehortes mit der Kamera aufzunehmen, während alle im Team ganz still sind. So hast du Hintergrundgeräusche, die zu diesem Drehort passen, und kannst damit deine „Edit-Points" kaschieren.

Tipp 4: TON BEIM INTERVIEW

Bei dokumentarischen Interviews müssen die Antworten des Interviewten so klar wie möglich sein. Du solltest absolut still bleiben, während du den Antworten lauschst, damit die Tonspur sauber bleibt. Das kann sich erst mal sehr komisch anfühlen, aber es macht wirklich einen Unterschied.

Tipp 5: NACHSYNCHRONISIEREN

Manchmal lässt sich der Ton an einem Drehort einfach nicht verwenden. Wenn du die Szene wirklich nicht anders drehen kannst, könntest du den Ton später woanders (z. B. zu Hause) aufnehmen, wenn die eigentlichen Szenen schon im Kasten sind. So bekommst du einen besseren Ton, allerdings ist diese Technik nicht ganz einfach.

GUTE REGIEARBEIT

Um gut Regie zu führen, musst du davon überzeugt sein, dass du die Geschichte erzählen kannst. Viel von dem, was du für einen guten Film brauchst, befindet sich nur in deinem Kopf. Es geht hauptsächlich darum, daran zu glauben, dass du es kannst, und diese Zuversicht auf deinen Film zu übertragen. Ich möchte dir ein paar Tricks verraten, die dein Selbstvertrauen stärken können. Ich setze diese Techniken manchmal selbst ein – und ich drehe damit wirklich anders.

Tipp 1: AUFGABEN STELLEN

Manchmal sind deine Darsteller keine richtigen Schauspieler. Oft wirst du mit Freunden drehen, die du überredet hast mitzuspielen. Das machen sie zwar sicher gern, aber vielleicht haben sie keine Schauspielerfahrung und können die Szene einfach nicht so spielen, wie du es gern hättest. Das passiert gerade bei den ersten Filmen ziemlich häufig. Du kannst aber etwas dagegen tun, indem du ihnen Aufgaben stellst.

Statt sie Dialoge auswendig lernen zu lassen, gibst du ihnen eine Aufgabe und lässt sie improvisieren. So bestimmst du immer noch, was sie tun, aber sie lösen die Aufgabe auf ihre Weise und wirken daher ungezwungener.

Ein Beispiel: In einer Szene soll eine Figur mit einer anderen über den Reparaturpreis für ein Skateboard streiten. Statt die beiden die Szene auswendig lernen zu lassen, gibst du ihnen jeweils eine passende Aufgabe.

Dem Kunden sagst du z. B., er soll für die Reparatur bezahlen, aber nicht mehr als 20 Euro. Dem Händler sagst du, er soll auf keinen Fall weniger als 40 Euro verlangen. Das Gespräch, das daraus entsteht, könnte sogar natürlicher wirken als die Version im Drehbuch.

DIESE TECHNIK IST UNGLAUBLICH NÜTZLICH, WENN DU MIT UNERFAHRENEN DARSTELLERN ARBEITEST.

Tipp 2: MASTER-SHOT

Die nächste Technik, die ich gern einsetze, ist sehr hilfreich, und man sollte sie sich wirklich angewöhnen: der Master-Shot. Ein Master-Shot ist die Aufnahme der gesamten Szene, durchgehend von Anfang bis Ende, in der entferntesten Einstellung. Erst anschließend drehst du die Nahaufnahmen und andere Einstellungen aus der Drehfassung. Ein Master-Shot ist deswegen so nützlich, weil du die Geschichte damit auf jeden Fall weitererzählen kannst. Er ist das Sicherheitsnetz des Filmemachers.

SCHON GEWUSST?

DER MASTER-SHOT ERSCHEINT DIR VIELLEICHT UNGEWÖHNLICH, ABER ER IST EINE ERPROBTE TECHNIK UND WURDE SCHON IN DEN BESTEN SZENEN DER HOLLYWOOD-GESCHICHTE EINGESETZT.

PRAXISTIPP!

Ein Master-Shot kann die Rettung sein, wenn der Dreh abgebrochen wird, weil z. B. eine Requisite kaputtgeht, es regnet oder ein Darsteller wegmuss.

Tipp 3: WEGSCHNITTE

Wegschnitte sind ein tolles Hilfsmittel. Ein Wegschnitt ist eine Einstellung auf einen Gegenstand oder eine Handlung innerhalb der Szene. Du kannst damit Edit-Points kaschieren, wenn dir Bilder für die geplante Einstellung fehlen. Vielleicht fällt dir nach dem Dreh auf, dass deine Darstellerin im entscheidenden Moment die Augen geschlossen hat. Mit einem Wegschnitt kannst du den Ton nutzen und die Geschichte weitererzählen, während du etwas anderes zeigst als die Figuren, um den Fehler zu verbergen.

> ICH HABE SCHON VIELE MALE EINE EINSTELLUNG, DIE EINFACH NICHT FUNKTIONIERTE, MIT EINEM VERNÜNFTIGEN WEGSCHNITT VOR DER NÄCHSTEN EINSTELLUNG GERETTET!

Tipp 4: SELBSTVERTRAUEN AUSSTRAHLEN

Selbstvertrauen ist das Wichtigste beim Regieführen. Meist kommt es mit der Erfahrung, aber auch das erste Projekt kannst du selbstsicher angehen, weil du die Techniken aus diesem Buch kennst. Mit ihnen kannst du die meisten Situationen retten, in die du eventuell gerätst.

Ein gesundes Selbstvertrauen spielt eine wichtige Rolle beim Filmemachen, weil es sich auf das ganze Projekt überträgt. Eine positive Einstellung hat eine positive Wirkung auf den Film. Wenn du pessimistisch bist und kein Selbstvertrauen hast, dann geht es bald auch dem ganzen restlichen Team so.

ÜBUNG MACHT DEN MEISTER

Du wirst nicht über Nacht immer bessere Filme drehen. Wie gut du Drehbücher schreibst, filmst, planst und das Projekt leitest, entwickelt sich natürlich jeweils im eigenen Tempo, aber du solltest jede Gelegenheit ergreifen, die sich bietet, um diese Fähigkeiten zu üben. Wenn du das nächste Mal eine Geschichte schreiben sollst, versuche sie dir als Film vorzustellen und schreibe sie aus dieser Perspektive. Wenn du beim Familiengeburtstag filmen sollst, mach daraus ein Miniprojekt, um Techniken zu üben. Wenn du die kreative, planerische und technische Seite des Filmemachens als getrennte Einheiten betrachtest, erkennst du bald, dass alle gleich wichtig sind und alle viel Übung brauchen, bis du sie beherrschst.

- Wenn du am Set selbstsicher auftrittst, wirkst du professionell.
  ↓
- Dein Team reagiert darauf und versucht ebenso professionell zu sein.
  ↓
- Wenn du mit einem professionellen Team arbeitest und die Dreharbeiten gut laufen, fühlst du dich noch selbstsicherer und professioneller.
  ↓
- Wenn deine Darsteller das sehen, haben sie das Gefühl, an etwas Wichtigem mitzuarbeiten.
  ↓
- Sie fühlen sich auch selbstsicherer und geben sich mehr Mühe.

Planung ist alles!

Wenn du Regie führst, schwirren dir oft viele Ideen im Kopf herum und es kann sehr schwierig sein, sie alle zu verarbeiten, während du drehst. Am einfachsten bleibst du in der Spur, wenn du dir einen Ablaufplan aufstellst. Das kann einfach eine Liste der Arbeiten sein, die du an einem Filmtag erledigen musst, mit einer Uhrzeit, bis wann jede Aufgabe fertig sein muss. So kannst du sicher sein, dass alles nach Plan läuft. Stelle einen Ablaufplan für die Dreharbeiten auf und schreibe neue Einstellungen und Ideen gleich auf, damit du sie in einer ruhigen Minute einbauen kannst. So bleibst du konzentriert, kreativ und — ganz wichtig — drehst nicht durch!

PRAXISTIPP!

Nimm dir noch mal die Ziele vor, die du aufgeschrieben hast, als du an Spezialauftrag 1 gearbeitet hast (Seite 11). Hast du einige davon erreicht? Erreichst du sie bei den Dreharbeiten? Überlege, wie du jetzt deinen Film drehen und gleichzeitig deine Ziele erreichen kannst.

SCHLUSSWORT

Sobald du deinen Film gedreht hast, gehen wir zur Nachbearbeitung über. Aber vorher sieh dir deine Aufnahmen noch mal an und überlege, ob sie dir rundum gefallen oder nicht. Denke darüber nach, was gut lief und was nicht, und überlege, ob du einzelne Teile vielleicht noch mal drehen solltest.

NACHBEARBEITUNG

In diesem Abschnitt sehen wir uns die technische Nachbearbeitung an. Was genau du in dieser Produktionsphase machst, hängt wahrscheinlich von deinem Projekt ab. Wenn es ein Kurzfilm, Musikvideo oder Dokumentarfilm ist, musst du als Nächstes Einstellungen auswählen und sie schneiden und in die richtige Reihenfolge bringen, um deine Geschichte zu erzählen.

WIE KOMMEN DIE VIDEOS IN DEN COMPUTER?

Wenn du deinen Film direkt mit einem Tablet gedreht hast, machst du die Nachbearbeitung am besten mit den Apps, die schon auf dem Gerät sind. Wenn du aber eine Digitalkamera, einen Camcorder oder ein Smartphone verwendet hast, ist dein erster Schritt, dir das Material auf dem Gerät anzusehen, auf dem du es nachbearbeiten wirst.

Normalerweise ist es kein Problem, deine Videos auf einen Computer oder ein Tablet zu überspielen. Meistens musst du das Aufnahmegerät nur mit dem mitgelieferten Kabel an den Computer anschließen und die Dateien übertragen. Manche Geräte haben eine eigene Software, die dir dabei hilft, und bieten dafür auch Tutorials (Lehrvideos) an. Wenn du einmal nicht weiterkommst, hilft dir eine kurze Internetrecherche nach Hersteller und Modell deines Aufnahmegeräts sicher weiter.

VIDEO IMPORTIEREN?

ABBRECHEN OK

SUCHE ONLINE NACH FOTO- ODER VIDEO-TUTORIALS. SIE SIND LEICHT ZU FINDEN UND DER NACHBEARBEITUNGSPROZESS IST SO VIEL BESSER VERSTÄNDLICH.

NACHBEARBEITUNGSPROGRAMME

Wenn du dein Material auf einen Computer oder ein Tablet übertragen hast, musst du entscheiden, mit welcher Software du es bearbeiten willst. Wenn du einen Windows-PC hast, kannst du den Windows Live Movie Maker von Microsoft benutzen. Ist dein Computer ein Mac, ist vielleicht schon iMovie darauf installiert, oder du könntest sogar mit Apples Profi-Schnittsoftware Final Cut Pro arbeiten, falls du irgendwie an das Programm herankommst.

Du kannst natürlich auch im Internet nach einer Gratissoftware eines anderen Anbieters suchen – da gibt es einige, sowohl für Windows als auch für den Mac.

Welches Programm du auch nimmst, meist findest du dafür jede Menge Lehrvideos vom Hersteller oder anderen Anwendern, die dir helfen, deinen Film zu bearbeiten. Mit den meisten Programmen musst du nur ein wenig herumprobieren, um sie zu begreifen.

SOFTWAREGRUNDLAGEN

Ein Nachbearbeitungsprogramm besteht aus vier Teilen:

HAB KEINE SCHEU, SCHNITTPROGRAMME AUSZUPROBIEREN. ES MACHT SPASS, DAMIT HERUMZUSPIELEN – VERGISS NUR NICHT, DEINE ARBEIT REGELMÄSSIG ZU SPEICHERN!

Vorschau – In diesem Fenster siehst du, wie die bearbeiteten Videos in der Zeitachse beim Abspielen aussehen.

Clip-Auswahlfenster – Hier werden deine Aufnahmen gespeichert, damit sie im Film verwendet werden können.

PRAXISTIPP!
Einige Schnittprogramme unterscheiden sich auf den ersten Blick voneinander, aber im Prinzip sind sie alle gleich aufgebaut.

Zeitachse (Timeline) – Hier legst du die einzelnen Clips ab. Du kannst sie dabei nach Belieben umstellen oder kürzen, um deine Geschichte zu erzählen.

Effekte-Bereich – Hier kannst du mit Spezialeffekten Bild und Ton deines Videos verändern. Außerdem findest du hier Übergänge und kannst Titel einblenden.

TABLETBESITZER

Die vier Bereiche in der Schnittsoftware für Computer und Laptops gibt es auch in den Tablet-Apps, nur sind diese Apps meist einfacher zu bedienen. Auf einem Touchscreen lässt sich der Film besonders schnell zusammenstellen. Auch für diese Apps findest du ausführliche Tutorials im Internet.

STOP-MOTION

Wenn du einen Stop-Motion-Trickfilm gedreht hast, hast du jetzt mehrere Möglichkeiten. Wenn du die Videos mit einer Trickfilm-App aufgenommen hast, kannst du die Einstellungen möglicherweise auch in dieser App bearbeiten.

Wenn du allerdings die Aufnahmen mit einer Digitalkamera gemacht hast oder deine Trickfilm-App keine Nachbearbeitungsfunktion hat, brauchst du ein anderes Programm, um deinen Film fertigzustellen.

WIE DIE PROFIS

Du kannst natürlich alle möglichen schicken Übergänge zwischen den Einstellungen verwenden, aber normalerweise werden in der Filmbranche nur zwei benutzt. Die häufigste Technik ist der Schnitt, der direkt von einer Einstellung zur nächsten springt. So wissen die Zuschauer, dass die beiden Einstellungen nacheinander stattfinden. Achte aber darauf, dass die Einstellungen unterschiedlich genug aussehen, sonst wirkt es wie ein Schnittfehler.

Die nächste Technik ist die Überblendung. Dabei wird die erste Einstellung langsam ausgeblendet und gibt dabei den Blick auf die nächste frei. Dieser Übergang zeigt an, dass zwischen den Einstellungen Zeit verstrichen ist.

In den meisten Nachbearbeitungsprogrammen gibt es außerdem noch einige ungewöhnlichere Übergänge wie Wischblenden und Peel-Effekte (Blättern). Die solltest du allerdings nur sehr sparsam einsetzen.

Viele Übergänge funktionieren sowohl mit einem Schnitt als auch mit einer Überblendung. Probiere einfach aus, was besser passt, und sorge dabei für Abwechslung: Baue ab und zu eine Überblendung ein und schaue, wie das wirkt.

TON-NACHBEARBEITUNG

Normalerweise hast du in der Nachbearbeitung mehrere Tonspuren vor dir. Wahrscheinlich gibt es Hintergrundmusik im Film und vielleicht ein paar Geräuscheffekte, dann den Ton, den du in der Szene aufgenommen hast, und schließlich kleine Stücke Nur-Ton (zum Kaschieren der Tonübergänge zwischen zwei Einstellungen). Es ist wichtig, alle Tonspuren möglichst gut zu nutzen, damit die Geschichte die Zuschauer richtig in ihren Bann zieht.

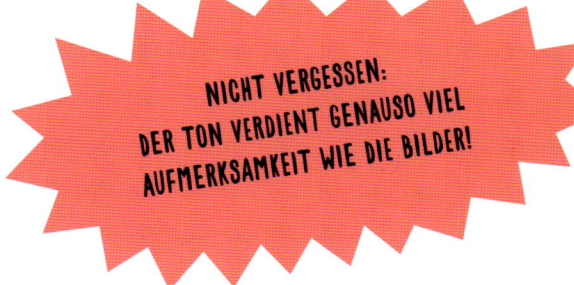

NICHT VERGESSEN: DER TON VERDIENT GENAUSO VIEL AUFMERKSAMKEIT WIE DIE BILDER!

SPEZIALEFFEKTE

Viele Spezialeffekte, die man in einfachen Nachbearbeitungsprogrammen findet, sind ziemlich unbrauchbar. Manchmal sind aber auch welche dabei, mit denen du deine Geschichte anders oder besser erzählen kannst. Einige Effekte lassen den Film alt aussehen, was gelegentlich ganz gut passt, oder du kannst mit ein paar Verzerrungseffekten herumspielen.

Was du dir aber unbedingt näher ansehen solltest, sind die Farbeinstellungen. Mit der Farbkorrektur kannst du z. B. die Farbtiefe deiner Bilder verändern. So kommt teilweise die Stimmung im Film besser heraus. Düstere, gruselige Szenen kannst du mit mehr Schatten und Blau-Grün-Tönen versehen, wie man es in einem Spukhaus erwarten würde. Genauso kannst du eine Szene in einem Orange-Gold-Ton einfärben, um einen romantischen Sonnenuntergang zu simulieren. Für jede Szene gibt es geeignete und weniger geeignete Farben, am besten experimentierst du einfach ein bisschen. Sieh dir auch andere Filme mit ähnlichen Szenen an und versuche herauszufinden, welche Farben dort verwendet werden.

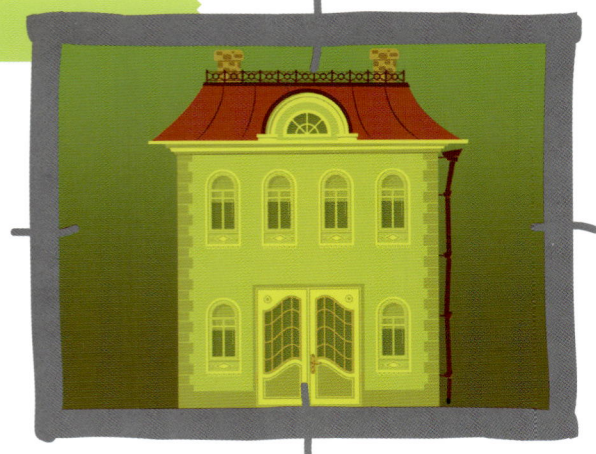

PRAXISTIPP!

Übertreibe es nicht mit der Farbbearbeitung – sie soll dem Zuschauer helfen, die Stimmung der Geschichte zu erfassen, ihn aber nicht vom Film ablenken.

TITEL UND ABSPANN

Wenn du mit der Nachbearbeitung fertig bist, willst du wahrscheinlich Titel einfügen. Titel verraten dem Publikum nicht nur den Namen des Films, sondern eventuell auch, wo er stattfindet, oder geben Zusatzinformationen über einen Interviewpartner. Denke beim Entwerfen der Titel daran, dass der Zuschauer sie leicht lesen können soll, also nimm eine gut leserliche Schrift und Farben, die sich vom Hintergrund abheben.

Die Schrift soll aber auch den Stil oder das Genre des Films widerspiegeln, also denke gut darüber nach!

Dieselben Regeln gelten auch für den Abspann. Oft reichen ein paar unbewegliche Titel, aber wenn viele Personen an dem Film mitgewirkt haben, kannst du auch einen durchlaufenden Abspann erstellen.

ENDFASSUNG EXPORTIEREN

Wenn du mit deinem Film rundum zufrieden bist, kannst du ihn „exportieren". So heißt es, wenn du dein Schnittprojekt in eine Datei umwandelst, die geteilt, online gepostet, auf eine DVD gebrannt oder einfach am Computer angesehen werden kann. Die meisten Apps unterstützen eine Vielzahl von Dateiformaten und machen dir das Exportieren leicht. Meist findest du eine

Schaltfläche oder ein Menü namens „Teilen", „Exportieren", „Fertigstellen" oder so ähnlich. Auch hier findest du im Internet sicher Anleitungen für dein Programm.

Zum Schluss hast du auf deinem Gerät oder Computer eine Datei mit der fertigen Version deines Films, den du nun mit der ganzen Welt teilen kannst.

ZEIGE DEINEN FILM

Glückwunsch, dein Film ist fertig! Du kannst stolz sein auf das, was du geschaffen hast. Du hast mit neuen Ideen und Techniken experimentiert und deinen ersten Film abgedreht. Als Nächstes musst du ihn jetzt all deinen Freunden, deiner Familie und jedem anderen zeigen, der ihn sehen will.

DEINEN FILM ONLINE STELLEN

Am einfachsten kannst du deine Arbeit allen zeigen, indem du sie online stellst. Es gibt viele Websites, auf denen das möglich ist, die größten sind YouTube und Vimeo. YouTube ist mit Millionen von hochgeladenen Videos das größte Videoportal im Internet.

Vimeo ist ein anderes Videoportal, von dem du vielleicht schon gehört hast. Anders als YouTube stellen dort vor allem Profis ihre Arbeiten vor. Auf Vimeo gibt es eine tolle Filmemacher-Community, die dir richtig gute Tipps geben kann, wie du deine Filme noch besser machen kannst.

Beide Portale sind ganz einfach zu benutzen. Du musst nur auf der Upload-Seite die exportierte Videodatei auf deinem Computer auswählen und hochladen.

EIN VIDEO HOCHZULADEN, IST NICHT SCHWIERIGER, ALS EIN FOTO AUF FACEBOOK ODER TWITTER HOCHZULADEN. ES DAUERT NUR LÄNGER, WEIL VIDEODATEIEN VIEL GRÖSSER SIND.

HOCHLADEN FÜR PROFIS

Wenn du ein Video hochlädst, wandelt die Website es in ihr Standardformat um, bevor man es online abrufen kann. Manchmal ist deswegen die Qualität schlechter, aber mit der richtigen Hochladetechnik kannst du gegensteuern. Es ist allerdings etwas komplizierter und die einzelnen Schritte hängen davon ab, welches Bearbeitungsprogramm du benutzt.

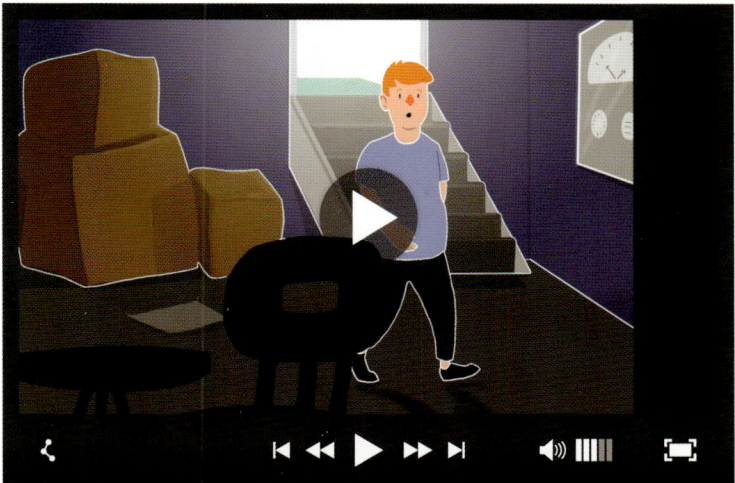

Wenn du alles richtig machst, hat das hochgeladene Video fast dieselbe Qualität wie in der Nachbearbeitung.

Eine schlechte Bildqualität kann bei bestimmten Projekten zwar richtig gut wirken, aber dann solltest du diesen Effekt lieber im Bearbeitungsprogramm darüberlegen, statt ihn durch Fehler im Hochladevorgang zu erzeugen.

PRAXISTIPP!

Wenn du die Einstellungen in deinem Programm nicht findest, suche im Internet nach einem Video-Tutorial. Da findest du bestimmt eine Anleitung, mit der du etwas anfangen kannst.

SO FUNKTIONIERT ES

Videoportale wie YouTube und Vimeo benutzen ein Videoformat namens „H.264". Dieses Format kann hochwertige Videos in sehr kleinen Dateigrößen erstellen, und deshalb ist es inzwischen auch die meistgenutzte Kodierung der Welt. Wenn du ein Video in einem anderen Format auf YouTube oder Vimeo hochlädst, wird es automatisch umgewandelt.

Zum Glück bieten viele Bearbeitungsprogramme diese Voreinstellung inzwischen an. Du kannst auch alles manuell festlegen und so Videos hochladen, ohne dass sie vom Portal umgewandelt werden.

PRAXISTIPP!

Wenn du ein anderes Programm benutzt, aber keine Einstellungen für YouTube oder Vimeo findest, suche am besten nach Einstellungen, die „Web", „H.264" oder „.mp4" enthalten.

SOCIAL MEDIA NUTZEN

Sobald du das Filmformat geklärt hast, kannst du deinen Film teilen. Das heißt, du kannst den Link zum Film auf Filmblogs und in Filmforen posten, ihn per E-Mail an Freunde und Familie schicken und ihn natürlich auch über Social Media bekannt machen.

Wenn du deine Arbeit in Social-Media-Netzwerken teilst, wird sie am ehesten von vielen Menschen gesehen, weil deine Freunde und Familie natürlich wissen möchten, was du da geschaffen hast. Wahrscheinlich bekommst du hier auch positives Feedback! Zweifellos kann so ein Netzwerk sehr nützlich sein, um bekannter zu werden.

Noch ein Vorteil: Vielleicht entdeckst du so Freunde mit dem geheimen Wunsch, an einem Film mitzuwirken oder darin mitzuspielen. Wenn deine Freunde – und deren Freunde – deine Arbeit kennen, hast du beim nächsten Projekt vielleicht schon mehr Auswahl, was Team und Darsteller angeht. Je mehr Leute wissen, dass du Filme drehst, desto besser.

PRAXISTIPP!
Wenn die Menschen in deiner Umgebung wissen, dass du Filme machst, könnte das sogar zu einem bezahlten Projekt führen und du kannst neue Ausrüstung kaufen oder einen längeren Film drehen.

AUGEN AUF IM INTERNET – GIB NIEMALS DEINE KONTAKTDATEN AN LEUTE WEITER, DIE DU NICHT KENNST!

ONLINE-COMMUNITYS

Was deine Freunde und Familie über deinen Film denken, ist wichtig, aber nicht ganz so nützlich wie die Meinungen, die du in Filmforen wie Vimeo hörst. Dort sehen andere Filmemacher deine Arbeit, die etwas mehr vom Thema verstehen. Außerdem kennen sie dich nicht persönlich und halten sich daher mit konstruktiver Kritik auch nicht zurück!

WETTBEWERBE

Melde deinen Film doch mal bei einem Wettbewerb an! Vielleicht bist du noch nicht bereit für den Oscar, aber es gibt viele Wettbewerbe da draußen und einige richten sich speziell an junge Filmemacher. Auch wenn du nicht gewinnst, sehen auf jeden Fall mehr Leute deinen Film. Und vielleicht schnappst du von den Gewinnern ein paar nützliche Tipps auf!

KLEINE FILMFESTIVALS

Eine weitere Möglichkeit, deinen Film unter die Leute zu bringen, ist die Teilnahme an einem Filmfestival. In großen Städten gibt es oft viele kleine und große Filmfestivals, wo du deine Arbeit einreichen kannst, aber selbst in ländlichen Gegenden finden sich normalerweise ein oder zwei, die sich vielleicht lohnen.

Du musst natürlich bedenken, dass Filmfestivals oft von renommierten Filmemachern aus der Szene vor Ort organisiert werden. Normalerweise laufen dort ziemlich hochwertige Filme, aber darüber solltest du dir keine Sorgen machen. Die meisten Filmemacher sind neugierig auf die Arbeit von anderen und geben gern hilfreiche Tipps.

FILMFESTIVAL
WELTPREMIERE
DEIN KURZFILM
NUR HEUTE ABEND

AUF FILMFESTIVALS TRIFFST DU ANDERE FILMBEGEISTERTE, MIT DENEN DU DICH AUSTAUSCHEN KANNST. VIELLEICHT LERNST DU JEMANDEN KENNEN, MIT DEM DU MAL ZUSAMMENARBEITEN KANNST, ODER LÄSST DICH VON DER ARBEIT ANDERER INSPIRIEREN.

DRANBLEIBEN!

Du bist jetzt offiziell eine Filmemacherin oder ein Filmemacher und du hast hart daran gearbeitet, dich so nennen zu dürfen, also solltest du auch sehr stolz auf dich sein. Genieße das Gefühl einen Moment und denke dann an die Zukunft. Wohin du von hier aus steuerst, liegt ganz bei dir. Könntest du mit anderen Filmgenres experimentieren? Ein neues Projekt anfangen? Das Projekt ausbauen, das schon fertig ist? Du hast die Wahl.

Aber bevor du weitermachst, solltest du vielleicht noch mal einen Blick auf dein erstes Projekt werfen und ein paar Notizen machen. Was lief gut, was nicht so? Was kannst du aus deinen Erfahrungen lernen, das beim nächsten Film nützlich sein könnte? Hast du etwas nicht umsetzen können, das du gern noch mal probieren möchtest?

- -

48-STUNDEN-AUFGABE

Wenn du nicht so recht weißt, wie es weitergehen soll, wäre mein Vorschlag: Stelle dir selbst Aufgaben. Mir persönlich macht die 48-Stunden-Aufgabe am meisten Spaß beim Filmemachen.

SO FUNKTIONIERT ES

Manche Organisationen rufen offizielle 48-Stunden-Wettbewerbe aus, aber du kannst das auch einfach für dich machen. Die Aufgabe besteht darin, einen Kurzfilm von 2 bis 5 Minuten Länge mit einigen festen Vorgaben zu drehen. Die Teilnehmer bekommen zu Beginn mehrere Elemente genannt, die auftauchen müssen, und müssen genau 48 Stunden später ihren Film einreichen.

ICH STELLE MEINEN STUDENTEN GERN SOLCHE AUFGABEN, WEIL ES SCHNELL GEHT, SPASS MACHT, BEREICHERND IST UND MAN HINTERHER DAS GEFÜHL HAT, ETWAS GESCHAFFT ZU HABEN.

Eine 48-Stunden-Aufgabe mag dich ein wenig einschüchtern, aber sie zwingt dich dazu, schnell zu denken und deinen Instinkten zu folgen. Mit ein paar Freunden macht das wirklich Spaß und ist auf jeden Fall mal eine andere Art, an einen Kurzfilm heranzugehen.

Um dir die Sache etwas zu erleichtern, kannst du Darsteller und Drehorte schon mal aussuchen, bevor du die Aufgabe annimmst. Das spart Zeit, hilft dir aber auch, eine Geschichte zu finden, da Darsteller, Orte und Vorgaben deine Ideen zu einer bestimmten Art von Film lenken werden.

Filmaufgabe!

Titel: Die letzte Zitrone
Requisite: großer Koffer
Text: „Mehr hast du nicht zu bieten?"
Einstellung: Dolly-Zoom

Benutze diese Elemente in deinem Film.
Du hast 48 Stunden!

PRAXISTIPP!
Nutze das, was du bei deinem ersten Film gelernt hast, um dir besondere Aufgaben für deine nächste Produktion zu stellen.

Fähigkeiten, die du für die Aufgabe gut brauchen kannst

Kontakte wiederverwenden — Wenn es mit einem Drehort, Darsteller- oder Helferteam beim letzten Mal gut geklappt hat, nutze ihn oder sie für die Filmaufgabe wieder.

Drehbuch schreiben — Erstelle rasch ein Drehbuch in einem professionellen Format, damit Darsteller und Team es leicht verstehen können.

Planung — Nutze deine Erfahrung im Planen, um die wichtigen Elemente schnell zusammenzutragen. Plane Drehzeiten und erstelle eine grobe Liste von Einstellungen, Requisiten und Kostümen. Du brauchst einen Plan, woher du deine Idee nimmst, wo du drehen wirst und schließlich wo du den Film nachbearbeitest.

Freihandaufnahmen — Beschleunige die Dreharbeiten, indem du stabilisierte Freihandaufnahmen machst. Vielleicht werden die Bilder nicht so sauber wie mit dem Stativ, aber du schaffst mehr Einstellungen in derselben Zeit.

Nachbearbeitung optimieren — Fange so schnell wie möglich mit der Nachbearbeitung oder dem Überspielen der Aufnahmen in den Computer an. Laptop- und Tabletbesitzer können sich hier einen Vorsprung erarbeiten, indem sie auf der Busfahrt nach Hause schon mal damit anfangen.

PRAXISTIPP!
Für die Vorgaben kannst du jemanden bitten, sich die Elemente auszudenken, oder dir auf einer entsprechenden Website einen zufälligen Titel, eine Textzeile und eine Einstellung ausgeben lassen. Man findet solche Seiten leicht im Internet.

DEIN PORTFOLIO AUSBAUEN

Wenn es dir richtig Spaß gemacht hat, an deinem Film zu arbeiten, könnte daraus eine lebenslange Leidenschaft werden. Wenn du beruflich in diese Richtung gehen willst, wird diese Leidenschaft dich motivieren, an weiteren Projekten zu arbeiten und dein Portfolio zu verbessern.

Ich würde vorschlagen, einen Film für dich selbst zu machen und dann noch einen für jemand anderen. Vielleicht hast du Freunde, die in einer Band spielen. Wenn du ihnen anbietest, Musikvideos für sie zu drehen, bekommst du nicht nur mehr Erfahrung, sondern wirst vielleicht sogar bezahlt.

EXPERIMENTIERE SO VIEL WIE MÖGLICH UND PROBIERE IN DEINEN NÄCHSTEN FILMEN NEUE TECHNIKEN AUS.

WEITERLERNEN

Zum Schluss möchte ich noch anmerken, dass es noch viel mehr darüber zu lernen gibt, wie man Filme macht. Dieses Buch ist für alle gedacht, die ganz ohne Erfahrung loslegen wollen, und sollte dich durch die Phasen deines ersten Filmprojekts führen. Das ist aber erst der Anfang – ich empfehle dir, weiter zu experimentieren und in deinen nächsten Filmen neue Techniken auszuprobieren. Du hast alles, was du brauchst, um loszulegen. Ich wünsche dir viel Glück dabei!

GLOSSAR

180-GRAD-REGEL Filmtechnik, nach der Figuren während einer Szene immer auf ihrer Seite des Bildes bleiben, um keine Verwirrung zu erzeugen.

3-PUNKT-BELEUCHTUNG Einfache Beleuchtungstechnik mit 3 Lichtern zum Trennen von Vordergrund, Mittelgrund und Hintergrund.

BILDTIEFE Wie Entfernungen innerhalb einer Szene betont werden. Licht, Anordnung von Requisiten und Kamerafokus können Tiefe in einem Bild erzeugen.

BUDGET Aufstellung der vorhersehbaren Kosten eines Projekts.

CREW/TEAM Die Helfer, die in der Produktion für die praktischen Aufgaben beim Filmen einer Szene verantwortlich sind.

DOKUMENTARFILM Ein Film über Fakten.

DOLLY Filmausrüstung aus einer beweglichen Plattform, die auf Schienen montiert ist. Die Kamera filmt von der Plattform aus, damit die Kamerabewegung flüssig wirkt.

DREHBUCH Textbuch, in dem die Inhalte eines Films (alles Sicht- und Hörbare) sowie die Art ihrer Darstellung und die Aufnahmetechnik festgehalten sind.

DREHFASSUNG Liste von Einstellungen für die Dreharbeiten.

DREHORT Der Ort, an dem eine Szene oder ein Film gedreht wird. In den Produktionsunterlagen werden sie mit „INNEN" und „AUSSEN" gekennzeichnet, je nachdem, ob sie sich drin oder draußen befinden.

EDIT-POINTS Zeitpunkte im Filmmaterial, an denen ein bestimmter Ton einsetzen oder enden soll.

EINSTELLUNG Eine geplante Aufnahme innerhalb deines Films.

FOUND-FOOTAGE Alte oder Amateurfilmaufnahmen, die in einem anderen Film verwendet werden, oder ein Film, der so aussehen soll, als wäre er von den Figuren selbst gedreht worden.

FREIHAND Aufnahmetechnik, bei der Hände, Arme und Körper das Gewicht der Kamera tragen und ihre Bewegung steuern.

HD Steht für „High Definition" = hohe Auflösung.

KONTRAST Unterschied zwischen den hellsten und den dunkelsten Teilen eines Bildes. Bilder mit starkem Kontrast haben sowohl sehr helle als auch sehr dunkle Bereiche.

LINSE Kamerabestandteil für die Bilderzeugung, meist aus Glas. Fängt Licht aus der Umgebung ein und bündelt es, damit ein Bild entsteht. Der Kameramann oder die Kamerafrau kann die Linsenelemente oft über das Gehäuse steuern.

MASTER-SHOT Einstellung, die die gesamte Handlung einer Szene von Anfang bis Ende aus der weitesten der geplanten Einstellungen zeigt.

NUR-TON Ohne Bild aufgenommene Tonaufnahme. Auch Wild Track oder Wild Sound genannt.

PORTFOLIO Sammlung der professionellen Arbeiten eines Filmemachers. Das Portfolio soll anderen seine Talente und Fertigkeiten zeigen und ihm dabei helfen, neue Aufträge zu finden.

PRODUKTIONSWERT Wie professionell ein Film aussieht. Filme mit hohem Produktionswert wirken, als hätte ihre Herstellung mehr Geld gekostet, als es tatsächlich der Fall war.

REFLEKTORBOARD Filmausrüstung, die so ähnlich wie ein großer Spiegel funktioniert und Licht reflektiert und in eine Szene umleitet. Kann für natürliches und künstliches Licht verwendet werden.

REQUISITEN Alle Gegenstände, die man für die Aufführung einer Filmszene braucht, z. B. Bücher, Geschirr, Hüte etc.

RIGGING Oberbegriff für Filmausrüstung, mit der die Kamera für bestimmte Einstellungen aufgehängt wird. Zum Rigging gehören zum Beispiel Kräne, Seilbahnen und Kamerastabilisatoren.

SCHNITT 1. Form der Verknüpfung von zwei Einstellungen. Ursprünglich nannte man so den Übergang zwischen zwei Filmstreifen. 2. Letzte Phase der Filmproduktion, in der aus dem Filmmaterial der endgültige Film zusammengefügt wird.

STABILISATOR Teil des Rigging, um Freihandaufnahmen besser zu steuern und flüssigere Aufnahmen zu ermöglichen.

STOP-MOTION Animationstechnik, bei der es aussieht, als bewege sich ein Gegenstand von allein. Dazu wird er zwischen zwei Aufnahmen ein winziges Stück verschoben, zum Schluss werden alle Einstellungen zu einem Film hintereinandermontiert.

STORYBOARD Zeigt die geplanten Einstellungen in einer Szene wie in einem Comicstrip, damit Darsteller und Filmteam sich besser vorstellen können, wie sie gedreht werden soll.

TONALITÄT Beschreibt das Gefühl, das in einem Film durch Drehbuch, Schauspiel, Nachbearbeitung, Farben oder Musik erzeugt wird.

TRAILER Sammlung von Einstellungen und Sequenzen, die für den Film werben und Zuschauer neugierig machen sollen.

ÜBERSICHTSBILD Einfache Illustration, wie Figuren und Kamera sich in einer Szene bewegen – meist eine Aufsicht auf Set oder Drehort.

WEGSCHNITT Aufnahmen, die sich von der Hauptgeschichte einer Szene abwenden, um Edit-Points (Schnittstellen) zu kaschieren.

ZOOM Kamerafunktion, mit der von einer weiten Einstellung innerhalb einer durchgehenden Aufnahme zu einer näheren gewechselt wird.

REGISTER

ENDE